U0348448

国家自然科学基金项目（52374249、52130409、51874314、52004291）资助

深部含瓦斯煤岩组合体耦合失稳诱发复合动力灾害机制

杜 锋 王 凯 著

中国矿业大学出版社

·徐州·

内 容 简 介

随着煤矿逐渐进入深部开采,煤岩瓦斯复合动力灾害日益加剧,严重威胁着煤矿的安全生产,对复合动力灾害发生机理的深入研究迫在眉睫。本书将突出-冲击耦合动力灾害作为切入点,采取试验测试、理论分析、物理模拟和数值计算相结合的方法,对深部含瓦斯煤岩组合体损伤与煤中瓦斯渗流耦合失稳诱发复合动力灾害机制进行了探索,取得了一些创新成果。本书共分 8 章,主要介绍了含瓦斯煤渗透率演化特征、常规三轴及卸荷条件下含瓦斯煤岩组合体力学及渗透特性、含瓦斯煤岩组合体损伤及煤中瓦斯渗透演化机制、含瓦斯煤岩组合体失稳致灾物理模拟试验及数值模拟、深部含瓦斯煤岩组合体失稳诱发突出-冲击耦合动力灾害机制。

本书可供高等院校安全工程、采矿工程、地质工程等相关专业的师生使用,还可供相关企业技术人员和科研院所人员参考使用。

图书在版编目(CIP)数据

深部含瓦斯煤岩组合体耦合失稳诱发复合动力灾害机
制 / 杜锋,王凯著. —徐州:中国矿业大学出版社,
2024.9. —ISBN 978-7-5646-6304 -9

Ⅰ. TD713

中国国家版本馆 CIP 数据核字第 2024QC8835 号

书　　名	深部含瓦斯煤岩组合体耦合失稳诱发复合动力灾害机制
著　　者	杜　锋　王　凯
责任编辑	章　毅
出版发行	中国矿业大学出版社有限责任公司
	（江苏省徐州市解放南路　邮编221008）
营销热线	(0516)83885370　83884103
出版服务	(0516)83995789　83884920
网　　址	http://www.cumtp.com　**E-mail**:cumtpvip@cumtp.com
印　　刷	苏州市古得堡数码印刷有限公司
开　　本	787 mm×1092 mm　1/16　**印张** 10.5　**字数** 203 千字
版次印次	2024 年 9 月第 1 版　2024 年 9 月第 1 次印刷
定　　价	47.00 元

（图书出现印装质量问题,本社负责调换）

前　言

我国是世界上最大的煤炭生产与消费国。煤炭作为主体能源与工业原料,在国家的工业化进程中发挥了关键作用。随着我国宏观经济持续中高速发展,能源需求保持稳定增长,今后较长的一段时期,煤炭作为我国兜底保障能源的地位和作用还很难改变。

随着煤矿进入深部开采,煤层强吸附、低渗透的特点愈发显著,高地应力、高瓦斯压力和低渗透煤体在开采扰动下耦合作用更加强烈,复合型煤岩瓦斯动力灾害的危险性与危害性日益凸显。由于复合型煤岩瓦斯动力灾害表现为冲击地压和煤与瓦斯突出两种动力灾害相互共存、复合、诱发及转化,业内通常称之为煤岩瓦斯复合动力灾害。由于复合动力灾害的高度复杂性,目前仍未完全揭示其孕灾机制。我国对煤炭资源依赖程度非常高,复合动力灾害未来很有可能成为制约煤矿安全高效开采的重要隐患。因此,继续深入开展复合动力灾害孕灾机制的基础研究十分必要。充分认识复合动力灾害的孕灾机制是灾害防治的前提和关键,是深部开采迫切需要解决的重要科学问题。

本书采取试验测试、理论分析、物理模拟和数值计算相结合的方法,研究了受载含瓦斯煤及煤岩组合体损伤破坏及煤中瓦斯渗流特征,分析提取了含瓦斯煤岩组合体失稳破坏前兆特征;分析了含瓦斯煤岩组合体力学破坏机制,推导了煤岩组合体影响下煤中瓦斯渗流模型,建立了含瓦斯煤岩组合体损伤与煤中瓦斯渗流气固耦合模型;进行了受载含瓦斯煤岩组合体损伤与煤中瓦斯渗流耦合失稳致灾物理模拟和数值模拟,分析了灾害发生条件与动力学响应特征;建立了煤岩瓦斯复合动力灾害的分类体系,并探讨了每种灾害的发生条件及能量准则,对含瓦斯煤岩组合系统失稳过程中的能量积聚与耗散规律进行了分析,建立了深部含瓦斯煤岩组合系统失稳诱发突出-冲击耦合动力灾变能量判据,从而揭示了深部含瓦斯煤岩组合体耦合失稳诱发复合动力灾变机制。

衷心感谢国家自然科学基金委员会对我们科学研究工作的资助和鼓励。

限于作者水平,书中难免有不足之处,恳请广大读者批评指正。

著 者

2024 年 1 月

目　　录

1 绪 论

1.1 研究背景及意义

随着煤矿进入深部开采,煤层强吸附、低渗透的特点愈发显著,高地应力、高瓦斯压力和低渗透煤体在开采扰动下耦合作用更加强烈[1-4],复合型煤岩瓦斯动力灾害的危险性与危害性日益凸显[5-7]。分析近些年来的典型事故可以发现,此类事故兼具煤与瓦斯突出和冲击地压的部分特征,不仅动力显现强烈,而且常伴有异常瓦斯涌出,甚至表现出瓦斯突出的一些特征[8-9]。由于复合型煤岩瓦斯动力灾害表现为冲击地压和煤与瓦斯突出两种动力灾害相互共存、复合、诱发及转化,业内通常称之为煤岩瓦斯复合动力灾害[10-14]。例如,2005 年 6 月 29 日,平顶山煤业(集团)有限责任公司十二矿发生了一起煤岩瓦斯动力现象,事故调查组将此次事故认定为冲击主导型的煤与瓦斯突出[15];2012 年 11 月 8 日,江西沿沟煤矿在一次石门揭煤作业时引发了一起巨大的煤与瓦斯突出,同时诱发了底板的冲击地压[16];此外,平顶山煤业(集团)有限责任公司和阜新矿业(集团)有限责任公司下属多个煤矿均发生过兼具煤与瓦斯突出和冲击地压部分特征的动力灾害[15]。1945 年 3 月 14 日,美国的 Kenilworth 煤矿发生了一起冲击地压伴随着瓦斯异常涌出,并喷出大量煤尘,随后发生爆炸,造成 7 名矿工死亡[17];1981 年 4 月 15 日,美国科罗拉多州 Dutch Creek 1 号矿井发生了一起瓦斯突出诱导的冲击地压灾害,15 名矿工死亡,6 名矿工受伤[17]。

由于国外主要产煤国家对煤炭资源依赖程度的减少,深部煤炭资源不采或者少采[18-21],还没有把煤岩瓦斯复合动力灾害作为一个专门的研究方向,相关的案例和研究非常少。如澳大利亚,2014 年才报道第一起冲击地压事故[22],复合动力灾害还未有报道。但是在我国,由于煤岩瓦斯复合动力灾害日益加剧并造成了巨大的生命财产损失,对复合动力灾害的研究成了热点和难点。在 2016 年启动的由袁亮院士牵头的国家重点研发计划"煤矿典型动力灾害风险判识及监控预警技术研究"(项目编号:2016YFC0801400)[23]及 2017 年启动的由齐庆新研究员牵头的国家重点研发计划"煤矿深部开采煤岩动力灾害防控技术研究"

(项目编号:2017YFC0804200)[24]中均将煤岩瓦斯复合动力灾害机理及孕灾机制作为一个重点研究方向。可以预见的是,其他主要产煤国一旦逐渐进入深部开采,很有可能在未来发生类似灾害,将会对煤炭安全生产带来巨大的挑战。对于中国等对煤炭资源依赖程度非常高的国家来说[25-27],煤岩瓦斯复合动力灾害未来很有可能成为威胁能源安全的重大战略问题。研究揭示煤岩瓦斯复合动力灾害的发生机制,是对其进行科学防控的基础,也是深部矿井实现安全高效开采亟待解决的难题之一。

不可否认,目前国内外对煤岩瓦斯复合动力灾害发生机制的研究尚处于初步探讨阶段,并且学术界对煤岩瓦斯复合动力灾害也进行了多种不同的分类。为了使本书的研究更加精细化和有针对性,本书的研究主要以突出-冲击耦合动力灾害这一煤岩瓦斯复合动力灾害的其中一类为研究背景,通过试验研究、理论分析、物理模拟和数值模拟的手段揭示此类灾害的发生机制。突出-冲击耦合动力灾害的发生通常伴随着煤体和岩体这两种介质的变形破坏以及瓦斯在煤体中的渗流。煤岩体的变形破坏以及裂纹发生发展不仅由煤岩材料性质决定,还与煤岩组合结构密切相关。从本质上而言,突出-冲击耦合动力灾害的发生是含瓦斯煤岩组合体系统在高地应力、采动应力和瓦斯压力共同作用下发生的整体失稳灾变行为,与含瓦斯煤岩组合结构的损伤、变形、破裂及瓦斯渗流行为有着密不可分的联系。因而,研究受载含瓦斯煤岩组合体在不同条件下损伤破坏及煤中瓦斯渗流耦合失稳灾变机制对于预测预报突出-冲击耦合动力灾害具有重要的现实意义。

本章首先对煤岩瓦斯复合动力灾害的研究现状进行总结和评述,在统计调研的基础上阐述煤岩瓦斯复合动力灾害的发生规律和主要破坏特征,并结合自己的思考,对煤岩瓦斯复合动力灾害进行归纳总结并提出新的分类。其次对含瓦斯煤岩体的力学及渗透特性的研究现状进行总结。最后在这两方面内容的基础上给出本书的主要研究内容和技术路线。

1.2 煤岩瓦斯复合动力灾害研究综述

1.2.1 煤岩瓦斯复合动力灾害的发生规律和破坏特征

煤岩瓦斯复合动力灾害是由采掘活动诱发的非典型的动力灾害。苏联科学家佩图霍夫[28]在世界范围内首次提出冲击-突出统一研究的概念,并在1987年第22届国际采矿安全会议上指出研究冲击地压和突出统一理论的必要性。这是对煤岩瓦斯复合动力灾害的开辟性研究,引起了后来学术界对煤岩瓦斯复合动力灾害的重视及进一步的研究。章梦涛等[29]在 20 世纪 90 年代根据煤岩变形破坏机理研究了煤与瓦斯突出与冲击地压的机理,建立了各自灾害发生的判据,正式提出煤与瓦斯突出与冲击地压的统一失稳理论,这是我国学者首次对煤岩瓦斯复合动力灾害机理进行系统的探索,在我国煤岩瓦斯复合动力灾害的研究进程中具有里程碑意义。从此以后,随着我国矿井开采深度逐渐加大,煤岩瓦斯复合动力灾害日益加剧,越来越多的学者和工业界人士开始关注煤岩瓦斯复合动力灾害。由于极为复杂的矿井地质条件,中国是世界上受煤岩瓦斯复合动力灾害威胁最大的国家。

近几十年来,一些学者在煤岩瓦斯复合动力灾害的发生机理、预测和防控等方面进行了研究,取得了一些有意义的成果。李铁等[5,30]对"三软"煤层冲击诱导突出力学机制以及深部开采冲击地压与瓦斯的相关性进行了深入研究,指出高压瓦斯气体极有可能参与了冲击地压的孕育,加深了对深部高瓦斯煤层开采所谓的"低指标"煤与瓦斯突出现象的理解。J. Fisher[31]在 2013 年的国际采矿大会上提出了考虑煤中高压瓦斯作用的冲击地压模型,指出高压瓦斯气体使得塑性扰动区扩展,促使冲击地压的发生,并成功解释了忻州窑矿浅部煤层的冲击地压现象。J. Fisher 的研究与李铁等的研究都表明了高压瓦斯解吸的膨胀能将会对冲击地压的孕育和诱发产生积极作用,深部开采冲击地压与煤与瓦斯突出的相关是确定性的。A. T. Iannacchione 等[17]也指出,在一些情况下,冲击地压的发生与高压瓦斯气体具有相关性。美国矿山安全与健康管理局(MSHA)在定义冲击地压时指出,"冲击地压是由于大量能量的突然释放造成的承压煤岩的突然剧烈破坏,但是,在高压瓦斯驱动下的岩石和煤体冲击并不属于通常意义上的冲击地压"。孙学会等[32-33]分析了复合动力灾害的发生特点和所必须具备的 3 个基本条件,即煤岩体与瓦斯、应力、开采扰动。蓝航等[34]从能量角度对冲击地压和煤与瓦斯突出灾害进行了研究,建立了将这两种典型动力灾害统一起来的能量方程,提出可将煤体初始瓦斯压力作为煤岩动力灾害分类的依据,瓦斯的不同参与程度对复合动力灾害具有重要的影响。王振等[35]研究了冲击和突出两种灾害的异同点、诱发转化机制和诱发转化条件。尹光志等[36]通过层状煤岩体的真三轴力学试验对冲击-突出复合灾害的发生条件和显现特征进行了研究。姜福兴等[37]对煤岩瓦斯复合动力灾害的预警技术进行了基础研究,构建了全新的复合动力灾害实时预警平台。此外,陈国红[16]、孟贤正等[38]、张建国[39]都对深井煤岩瓦斯复合动力灾害机理进行了初步探讨。由于国家还没有出台煤岩瓦斯复合动力灾害矿井安全开采的细则,基本没有按照煤岩瓦斯复合动力灾害进行管理的矿井。因此,笔者尽可能地对煤岩瓦斯复合动力灾害的资料进行收集和调研,统计分析煤岩瓦斯复合动力灾害的发生规律和破坏特征。

由于国外主要产煤国对煤岩瓦斯复合动力灾害的研究甚少，难以公开取得现场资料，同时由于我国复合动力灾害形势的严峻性，本节仅仅对我国煤岩瓦斯复合动力灾害的发生规律进行统计调研。表 1-1 为统计调研到的煤岩瓦斯复合动力灾害煤矿的情况总结。需要说明的是，虽然煤与瓦斯突出和冲击地压这两种典型的煤岩动力灾害已有大量的案例研究及现场调查，但是学术界对煤岩瓦斯复合动力灾害案例的研究及统计调研却相对有限。因此，通过文献及矿井现场资料的查阅，并摒弃一些现在学术界还存在争议的复合灾害现场案例，本书仅统计出表 1-1 所示的有明确定义的发生过典型煤岩瓦斯复合动力灾害的煤矿进行分析，以确保分析结果的相对合理性。当然，由于笔者资料来源渠道的局限性，表中统计的煤岩瓦斯复合动力灾害的矿井数量要少于实际发生过此类灾害的矿井。但是可以确定的是，目前很少有系统地对煤岩瓦斯复合动力灾害的煤矿情况进行统计调研的文献资料，因此，本书所统计调研的现场典型数据仍然具有一定的参考价值，能够较为合理地反映出煤岩瓦斯复合动力灾害的发生规律。

表 1-1　我国发生煤岩瓦斯复合动力灾害煤矿分布

省份	煤矿	时间	地点	埋深/m	灾害特征分类
辽宁	王营煤矿	1984-5-25	南翼配风巷	820	冲击诱导突出
辽宁	王营煤矿	1984-6-21	充电室回风道	820	冲击诱导突出
辽宁	王营煤矿	1985-6-25	水仓与岩墙之间	820	冲击诱导突出
辽宁	王营煤矿	1991-10-24	5312 下川	700～900	冲击诱导突出
辽宁	五龙煤矿	2002-4-18	3311 综放面运输巷掘进	—	冲击诱导突出
辽宁	五龙煤矿	2004-10-18	332 回风下山	—	冲击诱导突出
河南	十二矿	2005-6-29	己七三水平回风下山煤巷	890～1 100	冲击诱导突出
河南	天安一矿	2006-3-19	己 15-17310 运输巷	1 035	冲击诱导突出
河南	十矿	2007-11-12	己 15.16-24110 采煤工作面	880～1 039	冲击诱导突出
河北	宣东煤矿	2009-2-11	209 运输巷 1 120 m 处	1 006	突出-冲击耦合灾害
安徽	丁集煤矿	2009-4-19	1331(1)运输机巷掘进	870	冲击诱导突出
河南	新义煤矿	2009-7-11	胶带巷掘进正头	617	冲击诱导突出
安徽	顾桥煤矿	2010-3-18	1414(1)底板巷穿层孔	815	冲击诱导突出
陕西	下峪口煤矿	2011-9-29	2 号煤层采区输送机大巷	550	突出-冲击耦合灾害
江西	沿沟煤矿	2012-11-8	石门揭煤点和底板运输巷	400	突出诱导冲击

针对煤岩瓦斯复合动力灾害的发生区域分布特征，可以看出，我国的煤岩瓦斯复合动力灾害的发生呈现出区域性特征，集中在我国的中部、华东及东北部。

这是由于我国中部、华东及东北部的矿井整体上地质条件较为复杂,经过长期的开采,浅部资源逐渐减少,转向深部开采,因此在"三高一扰动"的综合影响下,极易发生复合型煤岩瓦斯动力灾害。观察煤岩瓦斯复合动力灾害矿井发生地点的埋深可知,大部分煤岩瓦斯复合动力灾害发生在大于 700 m 深度的区域,但是也有 3 组灾害案例发生深度低于 700 m,甚至达到 400 m。因此我们可以确定的是,随着开采深度的加大,煤岩瓦斯复合动力灾害发生频率增大,但是在特定的应力、瓦斯、煤岩体的条件下,浅部煤层仍然具有较大的煤岩瓦斯复合动力灾害的威胁。因此,对于可能有复合动力灾害威胁的矿井来说,除了要在矿井深部开采过程中加强对煤岩瓦斯复合动力灾害的预防和控制外,在浅部煤层开采过程中,也不能放松对煤岩瓦斯复合动力灾害的预测和防治工作。观察煤岩瓦斯复合动力灾害发生时的灾害特征可知,灾害破坏性非常强烈,并且现场呈现出多种类型的灾变特征,因此,从多种类型的灾变特征可以推断出灾害诱因及灾害发生机理具有多样性。从表 1-1 的统计中可以看出,现有的资料表明煤岩瓦斯复合动力灾害发生时的特征以冲击地压诱导的瓦斯突出的灾变特征为主,突出-冲击耦合灾变特征和突出诱导冲击的灾变特征相对较少。从这一点可以看出,要想弄清煤岩瓦斯复合动力灾害发生机理,就必须首先对煤岩瓦斯复合动力灾害进行合理的分类,对各种煤岩瓦斯复合动力灾害的发生机理进行针对性的研究,这也正是下文对煤岩瓦斯复合动力灾害进行分类的原因所在。

随着煤矿开采向深部发展,煤岩体所受地应力及煤中瓦斯压力增大。一方面,地应力的增大使得一般在较硬质煤岩体条件下发生的冲击地压向中等强度煤岩体发展。另一方面,根据综合作用假说,瓦斯压力的增大会降低煤与瓦斯突出发生时"煤体强度"的门槛,使得一般在软煤条件下发生的煤与瓦斯突出在较硬煤体条件下也开始发生。因此,通常情况下,随着开采深度的加大,很多矿井面临着煤与瓦斯突出与冲击地压的双重危险,在满足一定条件下,会导致煤岩瓦斯复合动力灾害的发生。通过对煤岩瓦斯复合动力灾害的现场统计调研及大量的文献阅读,总结归纳出煤岩瓦斯复合动力灾害的破坏特征有:① 与单独的煤与瓦斯突出和冲击地压相比发生门槛降低,但是灾害强度却更大。与典型的煤与瓦斯突出灾害相比,煤岩瓦斯复合动力灾害的发生所需要的瓦斯压力一般较低,煤体强度相对较高。与典型的冲击地压灾害相比,煤岩瓦斯复合动力灾害的发生需要相对较大的瓦斯压力和相对较小的顶板强度。② 灾害破坏类型与单独的煤与瓦斯突出和冲击地压相比有明显的差异,表现出新的灾害特征。灾害发生既呈现出煤与瓦斯突出灾害的一些特征,又呈现出冲击地压灾害的一些特征,不仅冲击动力显现强烈,而且常伴有异常瓦斯涌出,表现出瓦斯突出的一些特征。

1.2.2　煤岩瓦斯复合动力灾害的分类

目前,学术界对于复合动力灾害的研究仍然处于起步阶段,灾害的成灾模式和分类都还没有统一的界定。对于煤岩瓦斯复合动力灾害分类来说,学术界对煤岩瓦斯复合动力灾害也进行了多种标准不同的分类,这给弄清复合动力灾害的机理并进行针对性的防治与预测带来了极大的不便。因此,首先应该对煤岩瓦斯复合动力灾害有一个合理的分类,这样便于对灾害的防治进行指导。本节针对目前分类体系的不足,以煤岩瓦斯复合动力灾害的分类为切入点,结合笔者自己的思考,提出煤岩动力灾害分类体系,以期加深对煤岩瓦斯复合动力灾害机理的认识,也为其预测预报提供理论依据。

1.2.2.1　现有煤岩动力灾害分类

国内外已有部分学者对煤岩动力灾害的分类进行了探讨,王振[15]根据煤岩动力灾害统一能量方程式和瓦斯的参与程度,提出了一种煤岩动力灾害评判体系,将煤岩动力灾害划分为典型动力灾害和非典型动力灾害两大类。其中,典型动力灾害分为冲击地压和煤与瓦斯突出,非典型动力灾害分为煤岩瓦斯冲击和煤岩瓦斯压出。对于非典型动力灾害,通过判断煤岩试样有无冲击倾向性来判断其类型,若有冲击倾向性,则为煤岩瓦斯冲击;否则,为煤岩瓦斯压出。但是,在复合动力灾害发生过程中,可能存在"低指标"现象,即无冲击倾向性的煤岩体可能在突出的作用下,发生冲击灾害。O. Dechelette 等[40]提出的煤矿动力灾害国际分类,将煤矿动力灾害分为煤(岩)与瓦斯突出、瓦斯突出、冲击地压和矿山-构造现象。该分类方法没有充分考虑到突出与冲击的耦合作用,对复合动力灾害的定性带来了较大的问题。J. Shepherd 等[41]将煤矿动力灾害主要分为冲击地压、煤与瓦斯突出、底板突出和顶板突出这四类,也没有提到复合动力灾害。其中,底板突出和顶板突出实际上可以看成是岩石与瓦斯突出的类型,这不在本书的研究范围之内。J. Shepherd 等提到"一些冲击地压案例归类于突出灾害之中更加合理",反映出这些灾害实际上很可能既表现出煤与瓦斯突出的部分特征,也表现出冲击地压的部分特征,与国内学者所提的煤岩瓦斯复合动力灾害比较吻合。潘一山[6]根据煤岩破坏释放能量和瓦斯释放能量的相对多少,将煤岩动力灾害划分为四种类型:煤与瓦斯突出、冲击-突出复合动力灾害、突出-冲击复合动力灾害、冲击地压。这种分类方法较以往的分类有了较大的进步,但仅仅依据两种能量释放的相对多少而未关注能量释放的先后来判断复合动力灾害的种类,没有充分体现出煤与瓦斯突出与冲击地压相互诱发、相互转化的特点;此外,在根据能量释放的相对大小对灾害进行分类时,忽略了两种能量相当的情况。

1.2.2.2 关于煤岩瓦斯复合动力灾害分类的思考

为便于区分,首先将煤岩动力灾害分为三大类:煤与瓦斯突出、煤岩瓦斯复合动力灾害、冲击地压。针对煤岩瓦斯复合动力灾害而言,由于深部矿井冲击地压和煤与瓦斯突出互为共存、相互复合、相互诱发,根据两种灾害之间诱发作用的先后,尝试将煤岩瓦斯复合动力灾害分为冲击诱导突出型动力灾害、突出诱导冲击型动力灾害、突出-冲击耦合动力灾害。具体解释如下:

(1)冲击诱导突出型动力灾害,指冲击地压发生后短时间内诱发煤与瓦斯突出灾害。

(2)突出诱导冲击型动力灾害,指煤与瓦斯突出发生后短时间内诱发冲击地压灾害。

(3)突出-冲击耦合动力灾害,指煤与瓦斯突出和冲击地压灾害同时发生、互相诱发,两者之间没有先后之分。

以上三种灾害中,煤与瓦斯突出和冲击发生在同一区域,灾害带来的煤岩破坏既呈现出煤与瓦斯突出的一些特征,也呈现出冲击地压的一些特征,即表现为复合动力灾害的特征。由是,可将煤岩动力灾害划分为五种类型:煤与瓦斯突出、冲击地压、冲击诱导突出型动力灾害、突出诱导冲击型动力灾害、突出-冲击耦合动力灾害,如图 1-1 所示。

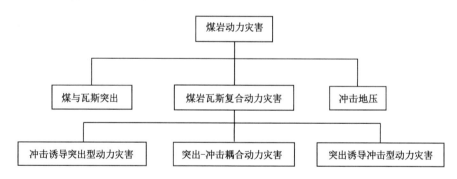

图 1-1 煤岩动力灾害类型划分

1.2.2.3 煤岩瓦斯复合动力灾害的鉴别方法初探

煤岩动力灾害发生后,对于煤与瓦斯突出和冲击地压而言,可根据各自的典型显现特征和评判标准进行区分。对于复合动力灾害的鉴别,提出利用高精度矿震定位系统和瓦斯监测系统相结合,并根据不同的灾害发生后的显现特征来进行区分。如果监测系统监测到震后瓦斯异常涌出,并且灾害现场具有如下复合特征:冲击地压的破坏特征较明显,但突出煤体较少,且分选性较差,瓦斯异常涌出量较小,或者并没有煤体突出,只有相对较少的异常瓦斯涌出,则属于冲击诱导突出型动力灾害;如果监测系统监测到震前瓦斯异常涌出,并且灾害现场具有如下特征:冲击地压的特征相对较弱,但突出煤体较多且分选明显,孔洞特征与突出类似,瓦斯异常涌出量较大,或者并没有煤体突出,只有相对较多的异常瓦斯涌出,则属于突出诱导冲击型动力灾害;如果监测系统同时监测到瓦斯异常涌出与矿震,并且灾害现场特征介于煤与瓦斯突出与冲击地压之间,均不占比较明显的优势,则属于突出-冲击耦合动力灾害。

此外,对于冲击诱导突出型动力灾害,在采动影响下煤岩体更容易达到冲击的条件,通常,煤质较硬,瓦斯压力较小,地应力较大,即使冲击后达到了煤与瓦斯突出的条件,灾害特征仍然以冲击的特征为主、突出的特征为辅,总体表现为复合灾害的特征。对于突出诱导冲击型动力灾害,在采动影响下煤层更容易达到煤与瓦斯突出的条件,通常,煤质较软,瓦斯压力较大,地应力相对较小,即使突出后煤岩体达到了冲击的条件,灾害特征仍然以突出的特征为主、冲击的特征为辅,总体表现为复合灾害的特征。由于矿井现场工作人员对复合动力灾害认识不足,对复合动力灾害现场的显现特征的记录比较匮乏,给复合动力灾害发生后的类型鉴别造成了一定的影响,并且深井高瓦斯矿井冲击地压发生后,很可能引发更剧烈的煤与瓦斯突出灾害,煤与瓦斯突出发生后,很可能引发更剧烈的冲击地压灾害,突出-冲击耦合动力灾害的破坏特征很可能比单一的煤与瓦斯突出或者冲击地压灾害更加强烈,导致单一的鉴别方法并不能完全区分三种复合动力灾害。这就要求在区分煤岩瓦斯复合动力灾害类型时,要充分利用灾害发生前煤岩体的基本特征参数(瓦斯、应力和煤质)、矿震定位系统和瓦斯监测系统以及灾害发生后的显现特征,进行综合判断。

1.3 含瓦斯煤及煤岩组合体的力学及渗透特性研究综述

1.3.1 含瓦斯煤及煤岩组合体的力学特性研究现状

针对受载含瓦斯煤的力学特性,靳钟铭等[42]、梁冰等[43]、尹光志等[44]通过含瓦斯型煤力学加载试验得出含瓦斯型煤的力学强度随瓦斯压力的增大而逐渐减小的结论;Y. Ates 等[45]利用巴西劈裂法进行了煤样吸附不同气体压力的 CO_2 下的抗拉强度测试,结果表明煤样吸附 CO_2 后,抗拉强度并没有降低;D. R. Viete 等[46-47]对三轴压缩条件下煤体吸附 CO_2 后力学特性进行了研究,发现在围压较大的情况下,煤体的峰值强度并没有出现明显的减小,得出了在较高的围压条件下,CO_2对煤岩强度的减小作用被弱化的结论。C. P. Xin 等[48]研究了含瓦斯煤体在常规三轴加载和变速加卸载等四种应力路径下的力学特性。研究结果表明,含瓦斯煤样在卸载条件下的强度低于加载条件下的强度,且破坏更加突然。刘恺德[49]对含瓦斯煤在高应力下的三轴力学行为进行了研究,得出随着瓦斯压力或有效围压的增大,煤体强度和弹性模量具有增大的趋势,泊松比具有降低的趋势。刘超[50]进行了含瓦斯原煤峰后卸围压试验研究,发现峰后卸围压使得损伤量增大,损伤程度越来越大,发生二次破坏概率增大。X. Liu 等[51]对单轴条件下含瓦斯煤的冲击倾向性进行了探讨,指出瓦斯压力使得煤体单轴强度降低,冲击倾向性减小。G. Xie 等[52]研究了瓦斯压力对煤体的破坏特征的影响,结果显示,随着瓦斯压力的升高,煤体的单轴抗压强度和临界剪胀应力呈减小趋势,且瓦斯压力越高,煤体破坏及裂纹扩展越剧烈。王登科[53]对含瓦斯煤的本构模型及失稳破坏机理进行了系统的研究。孟磊[54]、刘星光[55]结合试验研究和理论分析,对含瓦斯煤的力学特性进行了较为全面的研究。

对于煤岩组合体来说,现有的单纯就受载煤岩组合体的变形和强度特征进行的研究相对较多,如:I. M. Petukhov 等[56]最早在研究岩体的峰后破坏特征时,对两体系统以及顶板-煤体系统的稳定性进行了分析。不同学者对围压[57]、加载速率以及路径[58-60]、组合方式[61]、组合体倾角[62]对煤岩组合体力学特性的影响进行了研究。结果表明,整体上看,随着围压的增大,组合体的强度也增大;随着加载速率的增大,峰后割线模量和应变软化参数均减小;循环加载比单轴加载更容易使得组合体发生破坏;组合体发生破坏与组合方式并没有必然联系,破坏总是主要集中在煤体部分;不同倾角的煤岩组合体破坏存在很大的差异,但总体上看,倾角越大,煤岩组合体的黏聚力越小。左建平等[63]、王晓南等[64]、窦林名等[65]、赵毅鑫等[66]对煤岩组合体破坏过程中的声发射、电磁辐射、红外等特征进行了探讨。Z. H. Zhao 等[67-69]考虑界面效应,对煤岩所组合的三体系统的破坏特征、煤岩组合体的压剪破坏准则和破坏特征进行了系统研究。J. Liu 等[70]研究了岩石的强度对煤岩组合体力学行为和破坏特征的影响,得出岩石强度越高,组合体强度越低的结论。在数值模拟方面,一些学者利用 RFPA 和 FLAC3D 对煤岩组合体的破坏过程进行了模拟[71-80],同时探讨了失稳前兆、弹性回弹、应变局部化和尺寸效应等特征。

1.3.2　含瓦斯煤渗透特性研究现状

针对含瓦斯煤岩渗透特性试验研究,薛东杰[81]针对三种不同的开采方法,设计了相应的煤体全应力-应变渗流试验,深入研究了煤体应变与渗透率的变化规律,推导了相应的理论公式。林柏泉等[82]研究了变质程度和加卸载路径对煤体的渗透特性的影响,研究结果表明低变质程度和高变质程度的煤体渗透率均大于中等变质程度,加载时渗透率与应力呈负指数关系,卸载时呈幂函数关系。J. Heiland 等[83]和 B. T. Ngwenya 等[84]开展了常规三轴压缩过程中不同孔隙率砂岩的渗透试验研究,得到了应力、应变与渗透率的关系。尹光志等[85-86]对加卸载条件下含瓦斯原煤的渗流特性进行了系统的研究,分析了有效应力对煤体渗透规律的控制作用。W. H. Smmerton 等[87]、S. Durucan 等[88]、P. Q. Huy 等[89]、Z. Pan 等[90]通过试验手段研究了渗透率随着应力变化的规律。S. Harpalani 等[91]、S. Mazumber[92-93]、E. Robersion[94]、A. Mitra 等[95]进行了孔隙压力对渗透率影响的试验研究。H. D. Chen 等[96-97]、Q. Zhang 等[98]、G. Yin 等[99]对卸荷条件下含瓦斯煤的力学行为和渗透特性进行了大量的研究。针对含瓦斯煤渗透率模型的研究,I. Palmer 等[100]提出了具有划时代意义的 P-M 模型来定量研究煤体的渗透规律,这个模型将煤体吸附瓦斯后的膨胀变形对渗透率的影响考虑在内,后来相关学者又对该模型进行了改进[101]。J. Q. Shi 等[102]基于单轴应变假设,同样将煤体吸附瓦斯后的膨胀变形对渗透率的影响考虑在内,分析了有效应力对煤体孔隙介质渗透率的影响机制并推导出了两者的理论关系式。X. Cui 等[103]考虑到平均应力的作用,提出了可以用应力或者孔隙率表示的两种版本的渗透率模型,业内称之为 C&B 模型。H. Liu 等[104]考虑煤基质吸附气体发生的内膨胀作用,对以往的渗透率模型进行了修正,但是缺点是模型相对较为复杂。臧杰[105]考虑到煤的各向异性特征以及煤吸附气体内膨胀的影响,得到了适用于不同边界条件的煤体各向异性渗透率模型。

1.3.3 受载含瓦斯煤岩损伤与渗流耦合特性研究现状

针对受载含瓦斯煤损伤与渗流耦合特性,C. A. Tang 等[106]在研究煤岩破坏过程中的渗透特性时,借助损伤力学得出了煤岩裂隙的发育与渗透率之间的耦合关系并建立了相应的数学模型。杨天鸿等[107]对含瓦斯煤岩力学损伤及瓦斯渗流耦合过程进行了理论分析,建立了热-流-固耦合模型。通过对损伤变量进行重新定义,研究了煤岩的裂隙发育对损伤特性的影响机制。赵阳升等[108]对煤岩损伤与渗流耦合特性进行了理论研究,借助断裂力学和细观损伤力学手段,系统研究和推导出了含瓦斯煤损伤与渗流耦合的数学模型,并对数学模型进行了数值求解。胡少斌[109]自主研发了真三轴煤岩瓦斯耦合损伤-渗流系统,对三向应力下煤岩裂隙场和渗流场的耦合作用进行了系统的研究,从而建立了煤岩双孔隙系统应力-损伤-渗流耦合模型。孟磊[54]对含瓦斯煤变形破坏过程中流固耦合特性进行了系统的探索,得到了煤岩气固损伤模型。D. Xue

等[110]采用试验研究阐明了含瓦斯煤损伤与渗流气固耦合机制。Q. Tu 等[111-112]通过试验研究、理论分析和数值模拟的手段,对煤与瓦斯突出过程中气固耦合规律进行了全面的研究,得出了煤与瓦斯突出过程中煤体破坏与气体渗流耦合模型,并对煤体层裂机制进行了探讨。曹树刚等[113-114]建立了考虑煤体广义弹黏塑性特征的气固耦合本构模型。J. Liu 等[115]对煤层瓦斯运移过程中的流固耦合规律进行了系统的研究,建立了考虑多场耦合作用的煤层瓦斯渗透率模型。

1.4 存在的问题及不足

前人研究成果加深了对煤岩动力灾害的理解,也初步形成了对煤岩瓦斯复合动力灾害机理的认识。但是,到目前为止,学术界对于复合动力灾害的研究仍然处于起步阶段,很少有学者系统地对复合动力灾害的机理进行研究,灾害的成灾模式和发生机理等都还没有完全弄清,从而使得对复合动力灾害的预测和防控盲目且低效,远远不能满足国家对煤炭资源安全绿色开采的战略需要,对煤岩瓦斯复合动力灾害发生机理的深入研究迫在眉睫。

结合上文对于煤岩瓦斯复合动力灾害分类的总结和评述,作为煤岩瓦斯复合动力灾害的一种,突出-冲击耦合动力灾害实质上就是工程地质强烈扰动下"煤体-岩体"组合体系统在一定的地应力和瓦斯压力共同作用下发生整体破坏失稳的结果。对冲击地压而言,弹性能的释放是首要因素[116-119],研究煤岩组合体的强度、冲击倾向性与声发射和微震信号等数字信号强度之间的关系,对于冲击地压的预测和防控具有重要的现实意义。而煤和瓦斯突出则相反,瓦斯释放是第一位的因素[8,120-122]。研究不同瓦斯压力下煤的力学特性和渗透行为,对于认识突出的机理有很强的指导意义。但是,对于突出-冲击耦合动力灾害而言,研究受载含瓦斯煤岩组合体的失稳破坏规律对于预防矿井灾害和保障煤矿安全开采具有十分重要的意义。将含瓦斯煤岩组合体作为一个整体来系统研究其受载损伤与煤中瓦斯渗流耦合失稳诱发复合动力灾害机制在国内外却鲜有报道。

1.5 研究内容和方法

本书以深井煤岩突出-冲击耦合动力灾害为背景,将受载含瓦斯煤岩组合体损伤及煤中瓦斯渗流耦合失稳灾变机制作为出发点,试验研究含瓦斯煤在三向应力下的渗透特性、含瓦斯煤在变形破坏过程中的渗透特性、含瓦斯煤岩组合体损伤破坏及渗透特性,利用变形破坏过程中的声发射信号分析提取含瓦斯煤及煤岩组合体失稳破坏前兆特征。通过对含瓦斯煤岩组合体接触面进行全面的受力分析,阐明含瓦斯煤岩组合体力学破坏机制,在此基础上,得到含瓦斯煤岩组合体条件下煤体渗透率演化模型,最终建立含瓦斯煤岩组合体损伤与煤中瓦斯渗流气固耦合模型,进行受载含瓦斯煤岩组合体损伤及其煤中瓦斯渗流耦合致灾物理模拟试验,分析灾害发生条件与动力学响应特征。同时进行数值模拟,分析物理模拟试验条件下含瓦斯煤岩组合体损伤与煤中瓦斯渗流耦合演化规律。对含瓦斯煤岩组合系统失稳过程中的能量积聚与耗散规律进行分析,建立灾变能量判据,从而揭示受载含瓦斯煤岩组合体损伤与煤中瓦斯渗流耦合失稳诱发煤岩瓦斯复合动力灾变机制,最后结合现场典型案例对研究结果进行分析验证。本书主要研究内容包括:

(1) 含瓦斯煤及煤岩组合体失稳破坏及瓦斯渗透演化规律试验研究。

① 研究煤体在不同受力条件下对甲烷和二氧化碳的渗透特性,分析瓦斯压力、围压及温度等因素对煤体渗透率的影响。

② 研究常三轴条件下含瓦斯单体煤及煤岩组合体在不同瓦斯压力及围压下的力学破坏行为和渗透率演化规律的差异,同步测定煤岩破坏过程中的声发射信号和瓦斯渗透率,分析提取含瓦斯煤岩组合体失稳破坏前兆特征,并分析变形破坏过程中的裂隙演化与渗透率变化规律。

③ 研究煤岩组合体在卸荷条件下(卸围压和复合加卸载)的损伤破坏和渗透率演化规律,试验过程中同步测定煤岩破坏过程中的声发射信号和渗透率。分析提取含瓦斯煤岩组合体受载破裂的前兆信息,为灾害的预测提供理论参考。

(2) 含瓦斯煤岩组合体力学破坏机制与其煤中瓦斯渗流模型研究。对含瓦斯煤岩组合体接触面处及远离接触面处进行受力分析,阐明含瓦斯煤岩组合体力学破坏机制,在此基础上,得到煤岩组合体条件下煤体渗透率演化模型。

(3) 受载含瓦斯煤岩组合体损伤与煤中瓦斯渗流耦合失稳致灾物理模拟。建立含瓦斯煤岩组合体损伤与煤中瓦斯渗流气固耦合模型,进行受载含瓦斯煤岩组合体损伤及其煤中瓦斯渗流耦合失稳诱发煤岩瓦斯复合动力灾害物理模拟试验。通过控制各主要影响因素参数,模拟典型煤系地层条件下突出-冲击耦合动力灾害过程,分析灾害发生条件与动力学响应特征。同时利用数值模拟手段分析物理模拟试验条件下含瓦斯煤岩组合体损伤与煤中瓦斯渗流耦合演化规律。

(4) 受载含瓦斯煤岩组合体损伤与煤中瓦斯渗流耦合失稳诱发突出-冲击耦合动力灾害机制。从能量积聚与耗散角度出发建立含瓦斯煤岩组合系统失稳诱发突出-冲击耦合动力灾变能量判据。综合分析试验研究、理论分析、数值模拟和物理模拟结果,揭示受载含瓦斯煤岩组合体损伤与煤中瓦斯渗流耦合失稳灾变机制,并结合现场典型案例对研究结果进行分析验证。最后,对煤岩瓦斯复合动力灾害的预测和防控策略进行分析和总结。

1.6　技术路线

本书拟采取试验测试、理论分析、物理模拟和数值计算相结合的方法,揭示受载含瓦斯煤岩组合体损伤与煤中瓦斯渗流耦合失稳诱发复合动力灾害机制。研究思路及技术路线参见图 1-2。

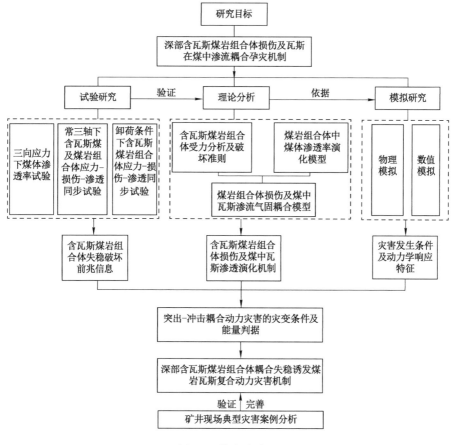

图 1-2　技术路线图

1.7 本章小结

本章首先对本书的研究背景及意义进行了阐述，并对煤岩瓦斯复合动力灾害的研究现状进行了总结和评述，在统计调研的基础上阐述了煤岩瓦斯复合动力灾害的发生规律和主要破坏特征，对煤岩瓦斯复合动力灾害进行了归纳总结并提出了新的分类；其次对含瓦斯煤岩体的力学及渗透特性的研究现状进行了总结；最后在这两方面内容的基础上给出了本书的主要研究内容和技术路线，最终得出的认识如下：

（1）随着开采深度的加大，煤岩瓦斯复合动力灾害发生频率增大，但是在特定的应力、瓦斯和煤岩体的条件下，浅部煤层仍然具有较大的煤岩瓦斯复合动力灾害的威胁。根据灾害诱因及其作用时序，将煤岩瓦斯复合动力灾害划分为冲击诱导突出型动力灾害、突出诱导冲击型动力灾害、突出-冲击耦合动力灾害。区分煤岩瓦斯复合动力灾害类型时，要充分利用灾害发生前煤岩体的基本特征参数（瓦斯、应力和煤质）、矿震定位系统和瓦斯监测系统以及灾害发生后的显现特征，综合进行判断。

（2）通过对煤岩瓦斯复合动力灾害的归纳总结及对含瓦斯煤岩体的力学及渗透特性的研究现状的阐述确定了本书的研究内容及技术路线，即以煤岩突出-冲击耦合动力灾害为背景，对含瓦斯煤岩组合体失稳破坏及瓦斯渗流过程进行小尺度三轴力学试验及大尺度物理模拟试验，建立含瓦斯煤岩组合体损伤与煤中瓦斯渗流气固耦合模型并进行数值模拟，分析灾害发生条件与动力学响应特征，建立灾变能量判据，从而揭示受载含瓦斯煤岩组合体损伤与煤中瓦斯渗流耦合失稳诱发煤岩瓦斯复合动力灾变机制，并结合现场典型案例对研究结果进行分析验证。最后，对煤岩瓦斯复合动力灾害的预测和防控策略进行分析和总结。

2 含瓦斯煤渗透率演化特征试验研究

随着煤矿开采深度不断加大,煤层瓦斯压力和地应力也随之增大,使得煤岩瓦斯动力灾害的发生更加频繁。对于瓦斯灾害的预防,目前非常重要的工程措施是预抽煤层瓦斯[123-125],而含瓦斯煤渗透率综合反映了煤中瓦斯流动的难易程度,是影响瓦斯预抽效果的重要因素[126-127]。煤层开采扰动前,井下煤层往往处于三向应力状态,因此三向应力状态下煤体的渗透率一直是学术界对煤中气体流动理论研究的热点内容。一方面,由于相关院校对于甲烷气体使用的规定,本书中的含瓦斯煤及煤岩组合体力学-损伤-渗透同步试验以及大尺度物理模拟试验均只能使用二氧化碳来近似替代甲烷作为试验气体,因此有必要了解甲烷和二氧化碳在煤中渗流特性的相似性及差异性,从而使得本书的结论更具可信度。另一方面,煤矿瓦斯实际上也包括二氧化碳,而且一些二氧化碳含量较大的煤矿也会经常发生煤与二氧化碳突出等动力灾害[128-132],在一定的条件下,同样会诱发突出-冲击耦合动力灾害,因此对二氧化碳在煤中的渗透规律研究也非常重要。为了给下文含瓦斯煤及煤岩组合体的损伤渗透特性的研究提供理论参考,有必要首先对含瓦斯单煤体在三向应力状态下的渗透特性进行研究。

煤岩突出-冲击耦合动力灾害的发生与煤层的渗透性密切相关,而温度、地应力和瓦斯压力是影响煤层瓦斯吸附、解吸、渗流作用的重要因素,对于深部煤层,瓦斯压力增大,低渗透率使得 Klinkenberg 效应愈发明显,并且伴随着温度升高,煤体渗透率发生极大的变化,因此,系统地研究不同瓦斯压力、不同地应力和温度条件下渗透率的变化规律对指导瓦斯抽采及煤岩瓦斯复合动力灾害的防治具有重要的意义。目前各国学者对影响甲烷和二氧化碳在煤体中的渗透率的因素进行了大量的研究。文献[89-91,93,103]对煤样渗透率与孔隙压力的关系进行了试验研究,得到了煤体渗透率随孔隙压力的变化规律。文献[88,133-135]得到了甲烷和二氧化碳的吸附作用和有效应力对渗透率的影响规律。文献[136]研究了煤基质的收缩、裂隙压缩系数和力学特性对煤体渗透率的影响。文献[137-138]研究了煤中水分含量和煤级对渗透率的影响,得出渗透率随着水分含量以及煤级的增大而减小的结论。文献[139-140]研究了甲烷在岩石和煤中的渗透性与温度之间的定性定量关系。文献[141-142]研究了二氧化碳在煤体中的渗透特性与温度的关系。但是,低渗透率情况下的 Klinkenberg 效应对渗透率的影响被很多学者所忽略。针对气体压力和温度对渗透率的影响,很多学者得出的结论并不完全一致,尤其是温度对两种气体渗透率的影响,现在还没有形成定论。

在稳态法测渗透率试验中,渗流系统达到稳态所用时间与气体压力和温度的关系鲜见报道。一方面,在达西稳态法测煤样渗透率过程中,对系统达到稳态的时间把握不准确有可能对试验结果的准确性以及对试验方案的设计带来不利的影响;另一方面,研究 CH_4 和 CO_2 在煤中动态的渗流-扩散-吸附过程,包括渗流系统达到稳态所用时间,对于 CO_2 的煤层封存和 CH_4 的抽采都具有一定的指导意义。

基于上述考虑,本章利用自主研制的煤岩渗透率测试系统,以原煤试样为研究对象,采用 CH_4、CO_2 及 He 三种气体,进行了不同气体压力、不同围压和不同温度组合条件下煤的渗透率试验,以期为含瓦斯煤在不同条件下的渗透率演化特征提供一定的理论支撑,为煤岩瓦斯复合动力灾害机理的研究提供理论基础。同时考虑到气体压力和温度对本试验中系统达到稳态所用时间的影响,旨在对同行进行此类试验提供一些有用的参考。

2.1 试验方法

2.1.1 试验样品和试验装置

本次试验煤样取自山西常村煤矿,煤体坚固性系数 f 值较高,内生裂隙不太发育,其基本参数见表 2-1。

表 2-1 煤样的基本参数

空干基水分/%	干基灰分/%	挥发分/%	固定碳/%
0.7	13.33	10.22	75.75

将原煤加工成 $\phi50$ mm×100 mm 的圆柱体标准试件。试验设备采用 QTS-2 型煤岩渗透率测试系统,该设备可以测定煤岩在不同孔隙压力、围压和温度下的渗透率,如图 2-1 所示,系统详细介绍请参考文献[143]。

2.1.2 试验原理

本试验采用稳态测试方法,不同气体在煤中的渗透率按照 Darcy 定律来

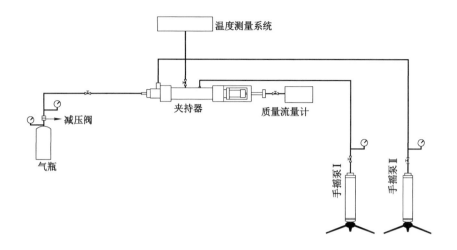

○—压力表；⊠—阀门开关。

图 2-1　QTS-2 型煤岩渗透率测试系统

计算[87,144]：

$$k = \frac{2\mu p_0 LQ}{A(p_1^2 - p_2^2)}\tag{2-1}$$

式中，k 为渗透率，mD；Q 为气体流量，cm³/s；p_0 为大气压力（取 0.1 MPa）；A 为试件横截面积，cm²；L 为试件长度，mm；p_1 为进气口气体压力，MPa；p_2 为出气口气体压力，MPa；μ 为气体黏度，MPa·s。

2.1.3　试验方案

为了研究气体在煤中的渗透规律，先进行温度为 20 ℃，气体压力分别为 0.5 MPa、1 MPa、1.5 MPa、2 MPa、3 MPa，轴压为 4 MPa，围压分别为 4 MPa、8 MPa 条件下的三向应力渗透试验；再进行温度为 40 ℃，气体压力分别为 1 MPa、2 MPa、3 MPa，轴压为 4 MPa，围压为 8 MPa 条件下的三向应力渗透试验。因为氦气为不吸附气体，作为对比，本试验选取纯 He、CO_2 和 CH_4 为试验气体，试验流程如下：

（1）对整个试验系统进行气密性检查，确保试验系统不漏气；

（2）选取表面完整光滑的煤样放入夹持系统中，将预先设计好的围压和轴压加到煤样四周；

（3）开启抽真空系统，抽取系统的杂质气体；

（4）将一定瓦斯压力的气体充入煤体中，同时打开出气口；

（5）每隔 1 min 读取数据采集系统中的加载压力和出口流量数据，待流量稳定在某一数值 45 min 以上后，记录此时的流量，进行下一组试验。

2.1.4 试验装置的稳定性

为了检验装置的稳定性，取围压为 4 MPa，轴压为 4 MPa，通入 1 MPa 气体，对三种气体分别做重复性试验，对比结果如表 2-2 所示。从表中可以看出，相对误差均小于 5%，说明整个系统装置是稳定的。

表 2-2　重复性试验结果

气体	第一次测试渗透率/mD	第二次测试渗透率/mD	第三次测试渗透率/mD	相对误差/%
CH_4	0.190 8	0.187 2	0.196 9	2.56
CO_2	0.126 7	0.129 8	0.124 2	2.21
He	0.242 6	0.239 9	0.246 3	1.32

2.2　试验结果

根据式（2-1）整理试验结果列于表 2-3 中，记录煤样在不同条件下气体的渗透率以及系统达到稳态所用时间。这里，稳态时间定义为出气口流量稳定时的流量值最先出现的时间。

表 2-3　煤样渗透率及系统达到稳态时间的测定结果

温度/℃	气体压力/MPa	轴压/MPa	围压/MPa	气体渗透率/($\times 10^{-3}\ \mu m^2$)			稳态时间/s		
				CH_4	CO_2	He	CH_4	CO_2	He
20	0.5	4	8	0.134 4	0.089 8	0.280 2	9 060	17 560	520
20	1	4	8	0.129 2	0.087 1	0.198 9	17 840	26 320	1 180
20	1.5	4	8	0.126 5	0.083 9	0.173 7	23 670	32 210	1 510
20	2	4	8	0.117 8	0.084	0.169 7	27 980	37 130	2 170
20	3	4	8	0.115 2	0.08	0.182 2	35 240	44 960	3 710
20	0.5	4	4	0.210 5	0.106 1	0.342 6	5 720	9 070	960
20	1	4	4	0.190 8	0.126 7	0.242 6	10 060	16 630	1 710
20	1.5	4	4	0.189 9	0.144 3	0.231 6	13 550	21 000	2 540
20	2	4	4	0.195 5	0.157 1	0.243 2	16 150	24 900	230
20	3	4	4	0.210 5	0.173 5	0.325 4	20 160	29 980	540

表 2-3(续)

温度/℃	气体压力/MPa	轴压/MPa	围压/MPa	气体渗透率/($10^{-3}\ \mu m^2$)			稳态时间/s		
				CH$_4$	CO$_2$	He	CH$_4$	CO$_2$	He
40	1	4	8	0.120 5	0.089 0	0.213 5	19 860	24 020	850
40	2	4	8	0.113 9	0.081 5	0.167 3	30 420	38 220	1 270
40	3	4	8	0.113 0	0.088 3	0.171 5	34 950	43 120	1 980

2.2.1 气体压力和围压对渗透率及稳态时间的影响

2.2.1.1 气体压力对煤体渗透率的影响

图 2-2 为温度固定在 20 ℃,轴压固定在 4 MPa,围压分别为 8 MPa 和 4 MPa 条件下,气体压力与煤体的渗透率关系图。由图可知,轴压和围压固定的条件下,在试验气体压力范围下,三种气体的气体压力与渗透率的关系不尽相同。需要说明的是,本试验中煤样的有效应力近似等于围压减去孔隙压力。为了便于更清楚地观察试验规律,单独做出图 2-3 表示 CO$_2$ 在围压 8 MPa 下渗透率变化的规律。

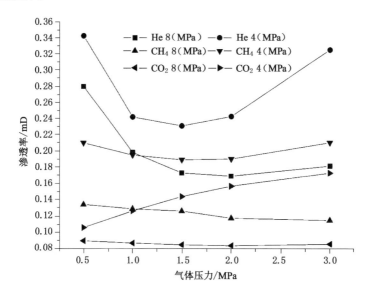

图 2-2 气体压力和渗透率的关系

对于氦气,在两种围压条件下,渗透率都呈现出先减小后增大的趋势,其现象与前人所观察到的结果一致[90,145]。氦气为非吸附性气体,它的渗透率只与有

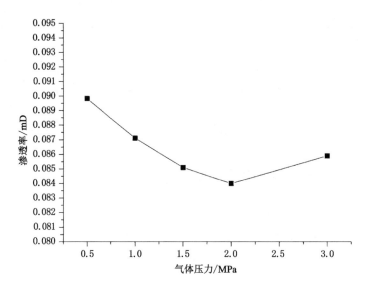

图 2-3　围压 8 MPa 下 CO_2 的气体压力和渗透率的关系

效应力和 Klinkenberg 效应有关[146]，围压不变的情况下，随着气体压力的增大，有效应力减小，使渗透率向增大的方向发展。但是在低压下，Klinkenberg 效应占主导地位，使得渗透率减小，随着气体压力的继续增大，有效应力对渗透率的影响占主导地位，Klinkenberg 效应减弱。

对于甲烷，在围压 8 MPa 条件下，渗透率随气体压力的增大而不断减小，在围压 4 MPa 条件下，渗透率呈现出先减小后增大的趋势。对于二氧化碳，在围压 8 MPa 条件下，渗透率随气体压力的增大呈现出先减小后增大的趋势，而在围压 4 MPa 条件下，渗透率随气体压力的增大而增大。

对于吸附性气体甲烷和二氧化碳来说，渗透率是由吸附膨胀、有效应力和 Klinkenberg 效应共同决定的[94,104,146]。气体压力较低的情况下，随着气体压力增大，煤基质吸附气体发生膨胀，导致裂隙空间缩小，使渗透率有下降的趋势，并结合 Klinkenberg 效应[146]，使得渗透率减小的趋势大于有效应力使渗透率增大的趋势，渗透率总体上呈减小趋势；随着气体压力的继续增大，Klinkenberg 效应已经非常弱，有效应力对渗透率增大的趋势占主导地位，渗透率总体上呈增大趋势，而甲烷在围压 8 MPa 条件下，渗透率随着气体压力的增大而下降，没有出现上升段，可能是在试验的气体压力范围内，吸附膨胀和 Klinkenberg 效应对渗透率减小的趋势占主导地位。围压越大，渗透率越小，根据前人的研究[147-149]，Klinkenberg 效应在渗透率较低的情况下作用更加显著，所以围压 8 MPa 情况下，Klinkenberg 效应影响的气体压力范围相比围压 4 MPa 情况要广，导致在试验气体压力范围之内,渗透率没有出现上升段;二氧化碳在围压 4 MPa 条件下,渗透率随着气体压力的增大而增大,没有出现下降段,这是由于围压 4 MPa 条件下的渗透率相比于 8 MPa 条件下的渗透率更大,在试验的气体压力范围内,Klinkenberg 效应影响不明显,有效应力对渗透率增大的趋势占主导地位。

由图 2-2 还可知,其他条件一定的情况下,CH_4 在煤中的渗透率大于 CO_2,说明气体吸附作用越强,则渗透率越低,这与前人研究结论一致[150-151]。

综上,CH_4 和 CO_2 在煤中的渗透率的大小虽然有一定的差异,但是随气体压力变化的规律的内在机制是相同的,都是由吸附膨胀、有效应力和 Klinkenberg 效应共同控制,最终渗透率变化趋势取决于起主导作用的方面。

2.2.1.2 煤中甲烷和二氧化碳渗透率演化模型探讨

传统的渗透率模型[100,102,103]通常假设无约束煤基质的总吸附应变都对渗透率的变化起着作用,这可能会高估瓦斯在煤中吸附对渗透率的作用[94,104,152],尤其在试验条件中煤体可以向外膨胀的情况下。H. Liu 等[104]提出了"内膨胀应力"和"内膨胀应变"的概念,并假设只有部分气体吸附引起的基质膨胀对渗透率的变化产生贡献,这进一步完善了煤中瓦斯吸附对渗透率影响的机理。K. Wang 等[145]通过引入"内膨胀"和"内膨胀应变系数"的概念改进了现有的渗透率模型,以评估气体吸附对渗透率的贡献。对于恒定围压条件,各向同性的渗透率模型可以写成式(2-2):

$$k = k_0 \left\{ 1 + \frac{1}{\varphi_0} \left[\frac{p - p_0}{K} - \varepsilon_L \left(\frac{F_I p}{p_L + p} - \frac{F_{I0} p_0}{p_L + p_0} \right) \right] \right\}^3 \qquad (2-2)$$

式中,k_0 是初始渗透率;φ_0 是初始孔隙率;p_0 是初始瓦斯压力;F_I 是内膨胀应变系数,在恒定围压条件下为固定值;F_{I0} 是初始膨胀应变系数;K 是体积模量;ε_L 和 p_L 是 Langmuir 应变和压力常数。

本节中,这个渗透率模型(本书中称为 WZ 模型)被用来拟合 20 ℃ 下的渗透率试验数据,验证 WZ 模型对 CH_4 和 CO_2 的适用性。根据 J. Zhang 等[151]的研究,当围压大于 5 MPa 时,内膨胀应变系数可以视为一个常数,因此 8 MPa 围压下的数据用于模型拟合中。同时,使用最为广泛的 PM 模型也被用来拟合试验数据[100],通过对比,可以更好地理解两种吸附性气体的吸附作用对煤体渗透率的影响。PM 模型的表达式为:

$$k = k_0 \left\{ 1 + \frac{1}{\varphi_0} \left[c_m (p - p_0) + \left(\frac{K}{M} - 1 \right) \left(\frac{\varepsilon_L p}{p_L + p} - \frac{\varepsilon_L p_0}{p_L + p_0} \right) \right] \right\}^3 \qquad (2-3)$$

其中:

$$c_m = \frac{1}{M} - \left[\frac{K}{M} + f - 1 \right] c_r \qquad (2-4)$$

$$M = \frac{E(1-\nu)}{(1-\nu)(1-2\nu)} \tag{2-5}$$

$$K = \frac{E}{3(1-2\nu)} \tag{2-6}$$

式中,M 是煤的轴向约束模量;f 是裂隙压缩系数,取值为 $0 \sim 1$;c_r 是颗粒压缩系数;E 是杨氏模量;ν 是泊松比。

表 2-4 列出了两个模型中所使用的参数,F_1 是在 8 MPa 围压下的拟合定值,初始孔隙率的获得参考 E. Robertson[94] 提供的方法,其他参数在实验室中测得[153]。图 2-4 表示两个渗透率模型与试验数据的拟合情况。

表 2-4　渗透率模拟拟合所需参数

参数	值
杨氏模量 E/MPa	2 704
泊松比(ν),无量纲	0.35
初始孔隙率 φ_0/%	0.67
颗粒压缩系数 c_r/MPa^{-1}	1.55×10^{-4}
CH$_4$ 的 Langmuir 压力常数/MPa	3.05
CO$_2$ 的 Langmuir 压力常数/MPa	5.21
CH$_4$ 的 Langmuir 体积应变常数/%	0.8
CO$_2$ 的 Langmuir 体积应变常数/%	1.2
CH$_4$ 的内膨胀应变系数(F_1,F_{10}),无量纲	0.41
CO$_2$ 的内膨胀应变系数(F_1,F_{10}),无量纲	0.37

图 2-4 所示,不管对于 CH$_4$ 还是 CO$_2$,两个模型都没能很好地拟合试验数据,然而,WZ 模型拟合度相对较好。对于 PM 模型来说,模型拟合结果与 E. Robertson[94] 的研究结论非常类似。由于本节试验条件与 PM 模型所假设的单轴应变条件并不相同,所以导致 PM 模型极大地高估了渗透率的下降程度。对于 WZ 模型,在本节的气体压力范围内,拟合结果仍然低于试验数据,因此从图 2-4 两个模型的拟合结果中可以推断出,对气体吸附影响渗透率能力的高估不是导致拟合结果低于试验结果的唯一原因。对于 CH$_4$ 和 CO$_2$ 来说,WZ 模型中的拟合数据在相对较低的压力范围内低于试验数据,原因可能是由于 Klinkenberg 效应在低压区对渗透率的变化起着很大的作用。因此,再次证明

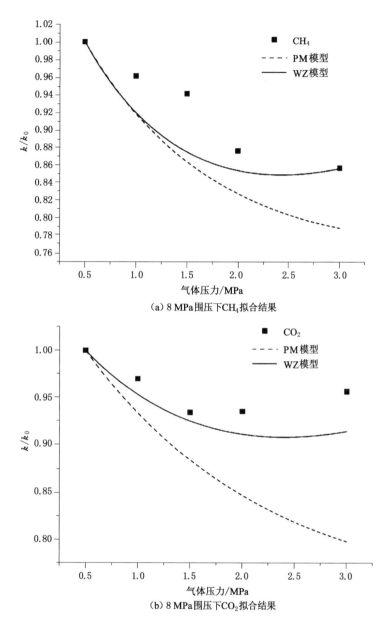

（a）8 MPa 围压下 CH₄ 拟合结果

（b）8 MPa 围压下 CO₂ 拟合结果

图 2-4　渗透率模型拟合结果

了两种气体渗透率随气体压力变化的规律的内在机制是相同的，都是由吸附膨胀、有效应力和 Klinkenberg 效应共同控制。值得注意的是，尽管如此，由于

CO_2 的吸附性大于 CH_4，因此，WZ 模型对两种气体的拟合程度也有一定的差异。在 WZ 模型中，CH_4 在高压段呈现出更好的拟合结果，这较易理解，但是 CO_2 在高压段的拟合结果依然较差，可能的原因是，在特定的条件下，随着瓦斯压力的增大，吸附膨胀效应增强，引起煤中裂隙闭合，最终，原本在低压段较显著的 Klinkenberg 效应在高压段依然较为明显[145]。

2.2.1.3　气体压力对渗流系统达到稳态所用时间的影响

图 2-5 为围压在 8 MPa 和 4 MPa 下，甲烷和二氧化碳在煤中渗流达到稳态所用时间与气体压力的关系图。

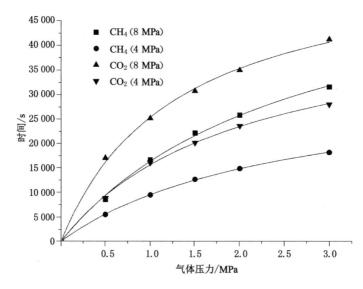

图 2-5　气体压力对稳态时间的影响

由图 2-5 可知，针对本试验所选取的煤样，对于这两种气体来说，在试验气体压力范围内，系统达到稳态所用时间随气体压力的增加呈非线性增加趋势，但是这个时间不会无限制增加，存在一个最大值。这种关系可以用一个类似于 Langmuir 方程的式子来表示，具有典型的类 Langmuir 特征，这里仅作为经验公式进行表示，即，

$$t = \frac{T_1 b_t p}{(1 + b_t p)} \tag{2-7}$$

式中，t 是压力为 p 时系统达到稳态所用时间；T_1 为系统达到稳态所用的最大时间；b_t 为拟合常数；$1/b_t$ 为稳态时间达到最大时间一半所对应的气体压力。表 2-5 为两种气体在不同围压下系统达到稳态所用时间与瓦斯压力关系拟合情况。

表 2-5　系统达到稳态所用时间与瓦斯压力关系拟合情况

气体（围压）	T_1/s	b_t/MPa^{-1}	R^2
CH_4(4 MPa)	40 336	0.334	0.999 94
CH_4(8 MPa)	66 477	0.658	0.997 05
CO_2(4 MPa)	52 695	0.444	0.999 02
CO_2(8 MPa)	72 970	0.313	0.998 47

吸附性气体在煤中的流动是一个渗流-扩散、吸附-脱附的综合过程[154]。在稳态法渗透率试验中，通入一定压力的气体后，煤样两端会产生压力差，气体在大的裂隙、渗透孔隙中进行渗流，随着渗透孔隙中气体浓度高于吸附孔隙，由于浓度差的存在，气体从大的孔隙向微孔扩散，同时，与接触到的孔隙表面发生吸附和脱附[155]，直至煤样接近吸附饱和，整个过程达到平衡。其中，气体接触煤岩发生吸附作用的时间可以忽略，并且渗流过程所用时间较少，所以渗流系统达到稳态的时间取决于扩散过程所用时间[156]。随着气体压力的增大，扩散过程所用时间主要取决于扩散系数和吸附量两个方面，一方面，气体压力越大[103]，气体分子和分子之间的碰撞增强，吸附气体引起的基质膨胀更加强烈，导致扩散系数减小，且随着气体压力的增大，扩散系数减小程度逐渐降低，当气体压力增大到一定程度（临界压力以下），扩散系数基本不再减小[103,157]，这使得扩散过程所用时间随着气体压力的增大有增长的趋势，且这种趋势逐渐变缓；另一方面，气体压力越大，吸附量有增大的趋势，煤体达到极限吸附量的时间更长，但是吸附量增大的趋势随着气体压力的增大逐渐减缓，使得煤体达到极限吸附量的时间增长的趋势亦逐渐减缓。随着气体压力的增大，虽然渗透率发生了变化，通过影响渗流通道往吸附孔隙中输送气体的快慢对稳态时间产生一定的影响，但是相比之下，扩散系数和吸附量对时间的影响更为显著，可能在以上三方面共同作用下，渗流试验中达到稳态所用时间与气体压力的关系表现出典型的类 Langmuir 特征。

对于同一个气体，围压越大，系统达到稳态所用时间就越长。一方面，围压增大，有效应力增大，裂隙压缩，气体在煤体中的运移通道被堵塞，渗透率降低，渗流通道往吸附孔隙中输送气体就会变慢，那么达到饱和吸附量所需的时间自然变长。另一方面，围压增大，煤体的体积压缩发生形变，内部的孔隙变小，出现两个相反的作用[158]，其一，孔隙变小导致扩散系数减小，使煤样达到饱和吸附量所用的时间有变长的趋势；其二，孔隙变小导致煤样对气体的吸附量减小，使煤样达到饱和吸附量所用的时间有变短的趋势。其中,渗透率和扩散系数对所用时间的影响占主导地位,最终使得系统达到稳态所用时间变长。

在其他条件相同的条件下,二氧化碳系统达到稳态所用时间比甲烷要长,这与等温吸附试验中,二氧化碳达到吸附平衡所用时间比甲烷短的事实并不矛盾[158-160]。等温吸附试验中,由于二氧化碳在煤中的扩散系数比甲烷大,虽然二氧化碳的吸附量也大于甲烷,但是由于忽略渗透率的影响,扩散系数对所用时间的影响占主导地位,所以二氧化碳先到达吸附平衡。但是,在渗流试验中,由于二氧化碳的渗透率比甲烷低得多,使得渗流通道往吸附孔隙中输送气体就会变慢,那么达到饱和吸附量所需的时间自然变长,由于二氧化碳吸附量大于甲烷,吸附量和渗透率对稳态时间的影响很可能会大于扩散系数对稳态时间的影响,在这三种作用共同控制下,使得二氧化碳系统达到稳态所用时间比甲烷要长。

2.2.2 温度对渗透率及稳态时间的影响

2.2.2.1 温度对煤体渗透率的影响

针对煤体渗透率与温度的关系,已有不少学者做过研究,一般都是围绕温度影响下甲烷在煤中的渗透率展开研究,并且得出的结论差别较大,关注二氧化碳在温度影响下的渗透规律的研究相对较少[139-140]。对于二氧化碳来说,M. S. A. Perera 等[141-142]研究发现,在注入压力较低的情况下,温度对渗透率影响较小,在高注入压力下,随着温度升高,渗透率增大。对于全面考虑温度对甲烷和二氧化碳渗透率影响的研究相对较少[161]。由于后续章节研究中所用气体都是二氧化碳,因此本节开展了温度对甲烷与二氧化碳的渗流特性的影响规律研究。

图 2-6 是温度为 20 ℃和 40 ℃,轴压固定在 4 MPa,围压固定在 8 MPa 条件下温度与渗透率的关系图。为了便于更清楚地比较甲烷和二氧化碳的渗透率与温度的关系,去掉氦气,如图 2-7 所示。

由图 2-6 和图 2-7 可知,对于 He 来说,在试验气体压力范围内,40 ℃下气体的渗透率先大于 20 ℃下的渗透率,但是随着气体压力的增大,40 ℃下气体的渗透率又逐渐小于 20 ℃下的渗透率,这种现象与前人所观察到的现象并不一致[140]。对于 CH_4 来说,在试验气体压力范围内,40 ℃下气体的渗透率小于 20 ℃下的渗透率,但是随着气体压力的增大,40 ℃下气体的渗透率与 20 ℃下的渗透率差距逐渐变小,有大于 20 ℃下的渗透率的趋势。而对于 CO_2 来说,在试验气体压力范围内,40 ℃下气体的渗透率先大于 20 ℃下的渗透率,再小于 20 ℃下的渗透率,但是随着气体压力的继续增大,40 ℃下气体的渗透率最终大

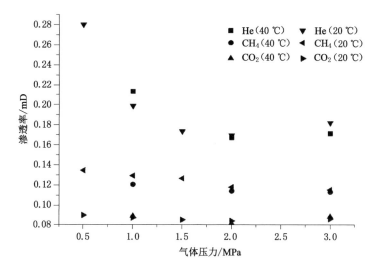

图 2-6 温度对煤渗透率的影响

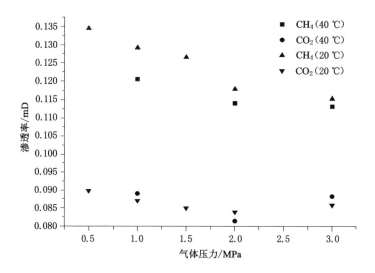

图 2-7 温度对煤渗透率的影响(除去 He)

于 20 ℃下的渗透率,这种现象与前人的研究成果有所区别[141-142]。温度升高会对渗透率产生以下几个方面的影响:

(1) 由于温度升高,煤基质会发生膨胀变形,当外应力较小(气体压力大),

煤体以向外膨胀为主导,裂隙张开,渗透率增大;当外应力较大(气体压力小),煤体以向内膨胀为主导,裂隙闭合,煤体内的孔隙、裂隙被压缩,使得气体渗流通道进一步缩小,对渗透率起减小作用。

(2) 温度升高,从分子的运动学理论来讲,气体分子的均方根速度和分子的平均自由程增大,气体分子内能增加,活性增强,加快了气体在煤中的扩散速度,有利于渗透率的增加。

(3) 对于吸附性气体来说,随着温度升高,吸附量减少,更多的吸附气体从煤基质中解吸出来,使得基质收缩,裂隙增大,从而使渗透率向增大的方向发展。

对于 CH_4 来说,温度对渗透率的影响分为两个阶段。第一阶段,在气体压力较小的情况下,高温使得煤体向内膨胀的趋势大于后两个使渗透率增大的趋势,表现为温度越高,渗透率越小;第二阶段,随着气体压力的继续增大,高温使渗透率增大的趋势占主导地位,表现为温度越高,渗透率越大。而对于 CO_2 来说,整个过程分为三个阶段。第一阶段,当气体压力非常小时,与 CH_4 不同的是,高温使渗透率增大的趋势占主导地位,表现出 40 ℃下气体的渗透率先大于20 ℃下的渗透率的情况,这可能是由于这种情况下扩散速度增大和解吸使得渗透率增大的趋势占主导地位;后两个阶段表现出和甲烷相似的趋势,即随着温度的升高,渗透率先减小后增大。对于二氧化碳第一阶段的"异常"现象,还需要进行更细致的试验和更加深入的分析。

对于非吸附性气体氦气来说,只需考虑温度对渗透率前两个方面的影响,之所以它表现出与甲烷和二氧化碳完全不同的趋势,可能是由于没有吸附作用的影响。从氦气的试验结果可以看出,对于吸附性气体来说,温度的变化引起气体的吸附解吸对渗透率的变化具有重要的影响,甚至在高温条件下,可能占主导地位,这与前人的研究结果一致[162]。

2.2.2.2 温度对渗流系统达到稳态所用时间的影响

图 2-8 是温度为 20 ℃ 和 40 ℃,轴压固定在 4 MPa,围压固定在 8 MPa 条件下,温度与稳态时间的关系图。从图 2-8 可以看出,温度对渗流系统达到稳态所用时间的影响并不明显,没有发现明确的规律,在本试验所选取的两种温度下,同种气体达到稳态所用时间基本一致。可能是温度通过影响煤孔隙内部的有效扩散系数和煤体吸附甲烷和二氧化碳的总量来对渗流达到稳态所用时间产生影响[163-165]。

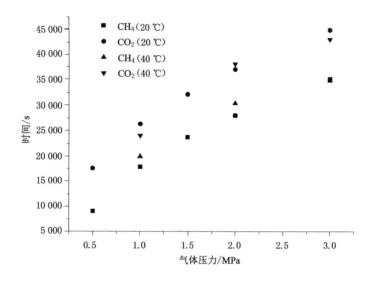

图 2-8　温度对稳态时间的影响

2.3　讨论

通过本章对于 CH_4 和 CO_2 在煤中的渗透率特征的研究可以看出，CH_4 和 CO_2 在煤中的渗透率变化规律存在许多相似之处。两者渗透率随气体压力的变化都是由吸附膨胀、有效应力和 Klinkenberg 效应所控制，气体压力较低的情况下，两者都会受到使渗透率减小的 Klinkenberg 效应的影响，而随着瓦斯压力的增大，两者渗透率最终都会持续增大。两者渗透率的演化规律都可以用 WZ 模型相对比较好地来拟合。在温度的影响下，两者的渗透率随着瓦斯压力的增大都呈现出类似的分段特征，并且两者在稳态法测渗透率试验中达到渗流稳态所需时间都呈现出类 Langmuir 特征。因此，作为两种吸附性都较强的气体，基于本章的研究并结合以往的研究，虽然 CH_4 和 CO_2 在煤中的渗透率仍然具有一定的差异，但是整体规律相似，因此我们认为在下文含瓦斯煤及煤岩组合体力学-损伤-渗透同步试验和大尺度物理模拟试验中，完全可以用 CO_2 来近似代替 CH_4 进行研究，并且结果仍然具有重要的价值。

气体渗透率随气体压力的变化规律由吸附膨胀、有效应力和 Klinkenberg 效应共同控制，这三者共同作用的机理较为复杂，需要针对不同的应力状态进行研究，才能得到有针对性的结果。本章得到稳态法渗透率试验中，系统达到稳态所用时间随气体压力的增大呈非线性递增关系，具有典型的类 Langmuir 特征，这个结论对于保证试验数据的准确性具有重要的意义。准确把握稳态时间对于提前设计试验方案、把握试验进度、保证试验的顺利完成也有一定的帮助,对于研究 CH_4 和 CO_2 在煤中动态的渗流-扩散-吸附过程具有一定的理论意义。但是,由于本次试验仅仅选取了一种煤样,并且在气体压力的选择上也有一定的局限性,加上试验可能存在的误差,得出的结论是否适用于更大压力范围以及其他煤级的煤样有待于进一步的研究。

在不同的气体压力下,温度对渗透率的影响表现出一定的分阶段特征,这与一些学者的研究结果并不一致[141,142,165]。在本章中,进一步总结出了温度对渗透率产生影响的三个方面,最终的渗透率取决于起主导作用的方面,其中温度的变化引起气体的吸附解吸对渗透率的变化具有重要的影响,甚至在高温条件下,可能占主导地位。由于条件的限制,我们并没有对更高温度范围内温度对渗透率的影响进行研究。M. S. A. Perera 等[141,166-167]研究了大范围温度条件下渗透率的变化规律,三者得出的结论也并不一致。综上,温度对渗透率的影响规律非常复杂,弄清这些问题还需要进行大量的、针对性的研究。基于此,下文对含瓦斯煤及煤岩组合体力学-损伤-渗透同步试验和大尺度物理模拟试验的研究中暂不考虑温度的影响。

2.4　本章小结

本章利用中国矿业大学(北京)自主研制的煤岩渗透率测试系统,以原煤试样为研究对象,进行了不同气体压力、不同围压和不同温度组合条件下 CH_4 和 CO_2 在煤中的渗透率测定试验,并考虑到气体压力和温度对本试验中系统达到稳态所用时间的影响,得到了以下结论和认识:

(1) 吸附膨胀、有效应力和 Klinkenberg 效应共同作用下,CH_4 和 CO_2 在煤中的渗透率随气体压力的变化并不总是单调递增,或者单调递减,也会呈现出先减小后增大的趋势。气体吸附作用越强,则煤样渗透率越低。随着围压的增加,煤体的渗透率呈现出下降趋势,且 CH_4 和 CO_2 渗透率的演化规律都可以用 WZ 模型相对比较好地来拟合。

(2) 达西稳态法测渗透率过程中,系统达到稳态所用时间随气体压力的增大呈非线性递增关系,CH_4 和 CO_2 都表现出典型的类 Langmuir 特征,二氧化碳系统达到稳态所用时间多于甲烷,且围压越大,系统达到稳态所用时间越长。

(3) 煤体渗透率与温度的关系较为复杂,温度通过影响煤体的膨胀收缩、气体分子动力学、吸附解吸等方面对渗透率产生影响,最终的渗透率取决于起主导作用的方面。在温度的影响下,CH_4 和 CO_2 的渗透率随着瓦斯压力的增大都呈现出类似的分段特征。温度对渗流系统达到稳态所用时间的影响并不明显。

3　常三轴条件下含瓦斯煤及煤岩组合体力学及渗透特性试验研究

对于煤层开采来说,研究三轴加载条件下含瓦斯煤及煤岩组合体损伤破坏特征及此过程中的渗透率演化规律具有重要的意义。由于突出-冲击耦合动力灾害本质上是煤岩组合体损伤破坏和煤中瓦斯渗流耦合失稳的结果,因此对含瓦斯煤岩组合体力学及渗透特性的研究对于加深煤岩瓦斯复合动力灾害机理的认识具有重要的作用。而本章中,我们也拟对含瓦斯单体煤损伤破坏及此过程中的渗透率演化规律进行研究,这是因为,一方面,含瓦斯煤体在常三轴条件下的损伤及渗透特性对于理解煤岩瓦斯灾害(煤与瓦斯突出、煤岩突出-冲击耦合动力灾害)的发生机理、指导瓦斯灾害防治具有重要意义。另一方面,最重要的是,尽管研究含瓦斯煤岩组合体在不同瓦斯压力下的破坏及煤中瓦斯渗流耦合失稳灾变规律是本书的重中之重,然而由于试验条件的限制,我们不能直接从试验中获得煤岩组合体破坏过程中煤中瓦斯渗透率的变化情况,因此弄清单独的煤体在破坏过程中的力学行为及渗透率演化规律便于我们全面了解单煤体及煤岩组合体影响下煤体的力学与渗透特征的联系和区别,对突出-冲击耦合动力灾害机理的认识具有至关重要的意义。

本章以含瓦斯煤和煤岩组合体为研究对象,采用河南理工大学 RLW-500G 煤岩三轴蠕变-渗流试验系统[168],结合声发射技术对含瓦斯煤和煤岩组合体进行常规三轴加载力学试验,同步测定三轴加载过程中的渗透率和声发射信号,对比不同瓦斯压力和不同围压下煤体及煤岩组合体力学行为的差异,同时分析提取含瓦斯煤体及煤岩组合体失稳破坏前兆特征。

3.1　试验设备与方法

3.1.1　试样准备

在阳煤集团新景煤矿 15# 工作面采集煤样及顶板岩样。该工作面埋藏深度约为 750 m,工作面煤层以稳定的中厚煤层为主,平均厚度为 6.38 m,煤质为无烟煤,直接顶以黑色泥岩居多,厚度为 0～10.22 m,常有局部顶板区域变薄而尖灭,被砂岩所代替。煤岩样从一大块煤样中钻取,且加工精度满足测定方法的要求,煤和岩样采用 1∶1 的比例,基本与煤矿现场相符。单体煤、砂岩、泥岩加工成 $\phi50$ mm×100 mm;而组合体样品中煤体部分和岩体部分的尺寸均为 $\phi50$ mm×50 mm,将两部分组合在一起后的尺寸为 $\phi50$ mm×100 mm,即径高比为 1∶2。为减少试验中煤岩样品的原生裂隙对试验结果可能产生的影响,试验前首先对试件的波速和密度进行测定,从中选取波速和密度都相近的试件进行试验。将制备好的煤岩样品放在烘箱内干燥,待冷却后将其储存在干燥箱内,等到试验开始前将其取出使用。注意,为了尽可能减少影响煤岩组合体样品破坏的因素,同时为了不影响渗透率的测定,采用煤体和岩体直接接触的方式,使用透明胶带将组合体接触处的外部区域固定[57]。本试验所用的试样如图 3-1 所示。

图 3-1　煤及煤岩组合体

3.1.2　试验装置

单轴压缩以及三轴压缩力学试验均在 RLW-500G 煤岩三轴蠕变-渗流试验系统上完成,试验设备原理如图 3-2(a)所示。该试验设备的轴压控制范围是 0～500 kN,最高围压可以达到 50 MPa,设备的测量控制精度为±1%,可以实现荷载加载、变形加载、位移加载等多种加载方式。变形测控指标值为轴向 0～15 mm,径向 0～7 mm,测试精度±0.5%。所有的测量精度都在试验前由厂家进行校准。

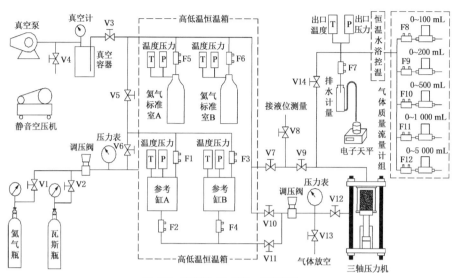

F1~F12—电磁阀；V1~V12—手动阀门。

（a）试验设备原理

（b）装置实物照片

图 3-2 煤岩三轴蠕变-渗流试验系统

在本书中,采用如下方法测量应变的大小:应力表示煤岩组合体所受的垂直应力,轴向应变是岩体部分和煤体部分轴向应变的总和。由于同等条件下煤体的变形比岩体大,因此本试验中将环向应变仪安装在煤体部分。试验中声发射信号的测试是基于美国物理声学公司生产的PCI-2型声发射测试分析系统,该系统的采样频率为500 kHz,阈值为46 dB。系统采用PCI-Ⅱ板卡,具有处理速度快、噪声低、阈值低、稳定性可靠等特点,最大限度地降低了采集噪声。该系统采用18位A/D转换技术,能够实时采集声发射信号和波形信号,同时将波形信号存储。整个试验测试系统如图3-2(b)所示。

3.1.3　试验方案与步骤

3.1.3.1　单轴压缩试验

单轴压缩测试对于研究煤岩的基本力学性质具有重要的作用。为了弄清单体煤、泥岩、砂岩、煤与泥岩组合体、煤与砂岩组合体基本的力学性质,同时给下文三轴力学试验提供基础,首先对单体煤、泥岩、砂岩、煤与泥岩组合体、煤与砂岩组合体进行单轴压缩试验。单轴加载采取力加载模式,加载速率为50 N/min,比较不同煤岩试件的力学性质和破坏行为的差异。

3.1.3.2　常规三轴应力-损伤-渗流同步试验

对煤体、煤和泥岩组合体、煤和砂岩组合体进行常规三轴应力-损伤-渗流同步试验。三轴压缩试验过程中,调节围压的加载速率为800 N/min,调节轴压的加载速率为50 N/min。为了安全起见,实验室禁止使用CH_4气体。根据第2章的研究,并结合前人对CH_4和CO_2在煤中的吸附渗流特性的研究可知,CH_4和CO_2在煤中的吸附渗流特性具有很多相似的特性,因此综合考虑,本次渗流试验采用的气体为纯度99.99%的二氧化碳气体,近似代替瓦斯气体,所有以下所述瓦斯气体均指二氧化碳气体。常规三轴应力-渗流同步试验具体步骤如下:

(1)试样安装。取试样套上热缩管,并用热风枪加热热缩管,密封住试样与热缩管。将试样安装在压力室内,套上轴向和径向应变仪,将进气管路与出气管路连接到煤样两端,套上压力室罩盖。

(2)抽真空。试件安装完毕后开启压力机,利用荷载模块将轴向压头与煤岩试件接触,然后往腔体里充油将三轴压力室内的空气排空,再施加围压和轴压分别到4 MPa(静水压力条件)后,抽真空至少8 h,并且检验气路的气密性。

(3)瓦斯吸附平衡。利用温控系统将荷载模块和渗流模块设定在恒定温度状态下,然后打开进气口通入一定压力的瓦斯气体(气体压力分别为1.5 MPa、

2.0 MPa、2.5 MPa)并让煤体充分地吸附瓦斯,吸附时间至少为 24 h,待轴向环向应变几乎不发生变化时便认为试样达到了吸附平衡状态。开启渗流模块,将整个系统温度设为常数,向试件中充入一定压力(1.5 MPa)的气体,吸附时间至少 60 h,直至平衡状态。

(4)试验过程。打开出气口,同时开启压力机,进行力学加载测试,并实时测量样品的渗透率变化,直到测试结束。

(5)待煤样在常三轴 4-1.5("4-1.5"指围压 4 MPa,气压 1.5 MPa,其他类似处同)条件下结束后,其他条件不变,分别进行 4-2、4-2.5、7-2、10-2 条件下的试验。煤样的试验完成后,继续进行煤与泥岩组合体、煤与砂岩组合体在这 5 种情况下的三轴试验。对于失败的试验,重新选试件补做。

3.2 试验结果和分析

3.2.1 煤岩单体及组合体单轴力学特性

单轴荷载条件下煤岩单体和煤岩组合体的应力-应变曲线及基本物理力学参数如图 3-3 和表 3-1 所示。由图 3-3 可见,单轴加载试验中 5 种试样的应力-应变曲线均经历了裂隙压缩、弹性变形、塑性变形、应变软化和塑性流动 5 个阶段。峰值应力结束后,应力存在明显的"应力下降"现象,且不同的试件有不同的下落速度:砂岩>泥岩>煤与砂岩组合体>煤与泥岩组合体>煤。根据试验结果可知,砂岩试样的单轴抗压强度为 81.9 MPa,弹性模量为 26.536 GPa;泥岩试样的单轴抗压强度为 36.21 MPa,弹性模量为 15.238 GPa;原煤试样的单轴抗压强度为 6.38 MPa,弹性模量为 1.305 GPa;煤与砂岩组合体试样的单轴抗压强度为 15.13 MPa,弹性模量为 3.986 GPa;煤与泥岩组合体试样的单轴抗压强度为 13.17 MPa,弹性模量为 3.923 GPa。因此煤岩组合体的强度介于岩石与煤之间,这与左建平等[57]的研究结论基本一致。图 3-3 中,砂岩、煤和泥岩组合体的应力-应变曲线尾部均有一个回缩段,这可能是由于煤样过了峰值强度后的破坏过程随机性很大。在样品破坏过程中,图中回缩段所对应的时间段里,样品的随机破坏使得轴向应变仪的位置发生了异常变化,使得仪器记录并计算得到的轴向应变减小。另外,从试验结果来看,煤与砂岩组合体的抗压强度略大于煤与泥岩组合体,这表明,在煤与岩石组成的煤岩组合体中,当煤体部分强度相同时,岩石部分强度越大,整个组合体试件的强度就越大。其中原因主要有以下两个方面:一方面,由于岩体部分承载能力高,在破坏过程中对煤体部分的变形具有明显的限制作用,提高了煤岩组合体的整体承载能力,且岩体部分强度越大,限制作用越明显。另一方面,在煤岩组合体中煤样的高度低于原煤试件的高度,考虑到尺度效应的影响,低强度煤体部分高度的减小提高了煤岩组合体的整体承载能力。

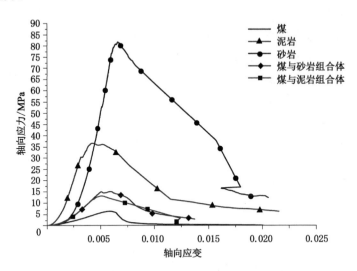

图 3-3　单轴荷载条件下 5 种试件的应力-应变曲线

表 3-1　单轴荷载下煤岩单体及组合体的基本物理力学参数

样品	峰值强度/MPa	波速 $v/(\mathrm{m \cdot s^{-1}})$	弹性模量 E/GPa
煤	6.38	1 570	1.305
泥岩	36.21	3 752	15.238
砂岩	81.9	3 156	26.536
煤与泥岩组合体	13.17	2 656	3.923
煤与砂岩组合体	15.13	2 384	3.986

图 3-4 所示为单轴荷载条件下煤体和煤岩组合体的破坏形态。容易看出,单轴条件下,三种试件的破坏都是以脆性破坏为主,其中煤样中部破坏严重,出现了几条竖向大裂纹,并且局部区域有煤样剥落。对于煤和泥岩组合体试件来说,随着轴向荷载的增加,煤体中渐渐出现了非常小的裂纹,在轴向荷载接近其峰值大小时,煤体中开始出现许多竖向裂纹,同时一些竖向裂纹向上部泥岩贯穿。在轴向荷载到达其峰值大小时,煤体发生严重破坏产生粉碎性破裂,出现了多条大裂纹,其中两条大裂纹贯穿整个试件。对于煤与砂岩组合体试件,只有煤体侧面出现了许多竖向裂纹,并且没有贯穿到上部岩石中,这可能因为砂岩的破

坏强度远远高于煤的破坏强度。煤体部分首先发生破坏,且破坏时释放的能量不足以使砂岩部分产生宏观破坏。

（a）煤　　　　　　　　　　　（b）煤与泥岩组合体

（c）煤与砂岩组合体

图 3-4　单轴荷载下煤岩单体及组合体典型破坏模式

3.2.2　三轴加载下含瓦斯煤及煤岩组合体变形及破坏特性

表 3-2 给出了单体煤与煤岩组合体三轴加载下的力学及声发射测试结果。由于试验条件的限制,试验测得的环向应变仅仅是煤体部分的应变,这使得组合体的体积应变和泊松比的取值无法获得,因此在下文的分析中将暂不考虑泊松比和体积应变。表中 σ_3 表示初始围压,p 表示瓦斯压力,E 表示弹性模量,σ_1 表示

峰值强度,σ_r 表示残余强度,ε_1 表示轴向应变,ε_3 表示环向应变,N 表示声发射(AE)数,$\sum N$ 表示 AE 累积计数,E_A 表示 AE 能量,$\sum E_A$ 表示 AE 累积能量,t 表示加载时间。

表 3-2　单体煤与煤岩组合体三轴力学及声发射测试结果

样品	σ_3 /MPa	P /MPa	E /MPa	σ_1 /MPa	σ_r /MPa	ε_1	ε_3	N/ (×10³ 个)	$\sum N$/ (×10⁶ 个)	E_A/ (×10³ J)	$\sum E_A$/ (×10⁶ J)	t/s
煤	4	1.5	2 931	27.69	20.81	0.013 0	−0.010 1	12.15	2.249	11.11	1.413	1 022
	4	2	2 907	23.70	17.76	0.007 6	−0.008 2	12.30	3.088	56.38	3.565	365
	4	2.5	2 474	20.45	14.38	0.006 2	−0.005 5	13.08	5.756	17.48	7.387	928
	7	2	3 512	36.43	31.59	0.010 3	−0.007 6	16.63	1.758	45.54	0.987	1 058
	10	2	3 382	45.66	33.73	0.011 6	−0.007 6	11.14	1.193	16.33	0.586	1 571
煤与泥岩组合体	4	1.5	7.057	37.39	20.79	0.008 8	−0.011 4	13.28	4.610	45.01	3.363	1 340
	4	2	4.732	25.80	20.85	0.007 3	−0.024 2	12.76	6.819	48.86	7.026	872
	4	2.5	3.483	22.48	19.74	0.011 9	−0.009 7	14.39	9.038	52.91	1.111	573
	7	2	5.516	33.05	29.11	0.008 7	−0.022	11.27	5.249	28.72	4.133	956
	10	2	5.744	48.75	43.09	0.013 2	−0.012	2.131	1.127	5.772	0.809	1 487
煤与砂岩组合体	4	1.5	6 333	39.10	36.01	0.012 6	−0.014 2	10.81	2.059	26.09	1.939	1 378
	4	2	5 921	33.63	27.90	0.010 4	−0.013 1	13.82	4.168	28.62	2.556	1 274
	4	2.5	5 525	29.83	21.15	0.008 5	−0.019 3	11.02	9.014	65.54	10.76	1 035
	7	2	4 225	44.37	30.01	0.011 1	−0.011 4	12.20	3.399	33.01	1.613	1 457
	10	2	7 726	57.55	46.52	0.008 2	−0.014 2	1.23	0.145	3.49	0.951	1 600

3.2.2.1　变形特征分析

不同瓦斯压力及不同围压条件下单体煤与煤岩组合体典型的偏应力-应变曲线如图 3-5～图 3-7 所示。图中 4-1.5 表示相应的围压和气压分别为 4 MPa 和 1.5 MPa(其他类似处同),由图可以看出,对于三种试件来说,在围压及瓦斯压力的共同作用下,应力-应变曲线均无明显的初始压密阶段,主要呈现为弹性、屈服、破坏或峰后软化 3 个阶段。在瓦斯压力一致的情况下,随着围压的升高,三种试件的强度均增大,出现明显的延性破坏特征,这主要是由于围压在一定程度上限制了煤岩体在破坏过程中变形和裂纹的发展,从而使试件的抗压强度增加。在围压一定的情况下,试件强度均随瓦斯压力的增大而减小。由于煤体对瓦斯气体具有很强的吸附性,而岩体基本不吸附瓦斯,所以瓦斯对煤体和岩体的强度弱化机制并不完全相同。对于煤体而言,吸附性气体对煤强度的影响主要分为力学作用和非力学作用[169-172]。力学作用主要是指煤体中的瓦斯气体以自由的游离状态呈现于煤的内部裂隙中。游离状态的气体不仅扩充了煤体的体积、降低了煤体的致密度,而且还相当于对煤体施加了与围压相反的力,降低了煤体的有效围压,促使煤体在力学加载过程中出现原生和新生裂纹并进行扩展,加速了煤体的失稳破坏。非力学作用可以分为两个方面:一方面,煤体吸附气体使得微孔裂隙表面张力减小,导致煤分子间的吸引力降低,同时煤基质对煤分子的约束能力也相应减弱,从而导致煤基质发生吸附膨胀变形。从整体宏观角度来看,煤体吸附气体较为明显地降低了煤颗粒间的黏聚力,结果使得煤体发生破坏时所需的力和能量降低,峰值强度和峰值应变减小。另一方面,根据我们前期的研究表明[173],煤吸附瓦斯气体后,会与煤表面的官能团发生化学反应,即出现化学吸附现象,这些化学反应会改变煤的大分子结构,可能会使得煤体强度变低。而对于岩体来说,瓦斯气体对煤强度的影响基本只有力学作用。

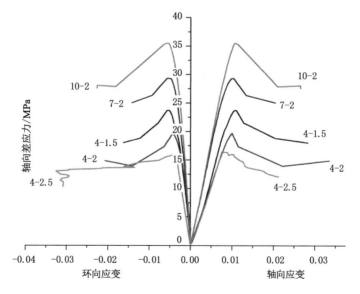

图 3-5 典型煤样常三轴试验偏应力-应变曲线

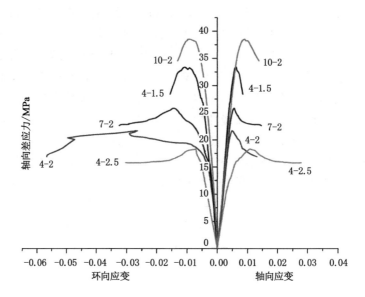

图 3-6　典型煤与泥岩组合体常三轴试验偏应力-应变曲线

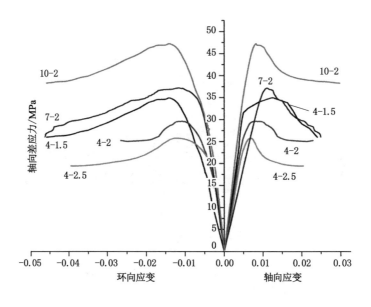

图 3-7　典型煤与砂岩组合体常三轴试验偏应力-应变曲线

不同单体煤与煤-岩组合体弹性模量与围压、弹性模量与瓦斯压力的关系如图 3-8 所示,由图可以看出,随着围压的增大,弹性模量的变化规律并不明显,但整体上具有增大的趋势,且总体上看,煤与砂岩组合体的弹性模量最大,煤与泥岩组合体的弹性模量次之,而煤的弹性模量最小。随着瓦斯压力的增大,弹性模量具有减小的趋势。从弹性模量与瓦斯压力的关系图中也可以看出,煤的弹性模量小于组合体的弹性模量,且煤与砂岩组合体的弹性模量大于煤与泥岩组合体的弹性模量。

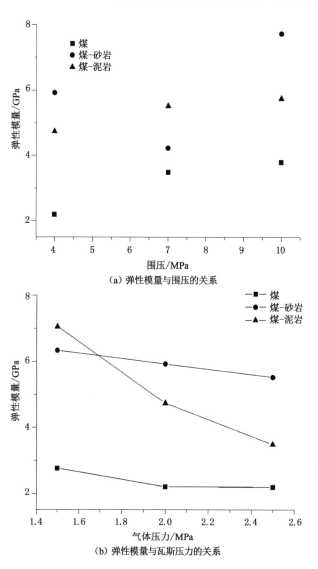

（a）弹性模量与围压的关系

（b）弹性模量与瓦斯压力的关系

图 3-8 不同样品的弹性模量与围压/瓦斯压力的关系

3.2.2.2 破坏特征分析

含瓦斯原煤、煤与砂岩组合体、煤与泥岩组合体三轴压缩破坏形态如图 3-9～图 3-11 所示。由图 3-9 可以看出,在围压作用下,煤样破坏特征简单,破裂面相对单一,破坏模式总体以剪切破坏为主,且煤发生破坏时裂纹的角度分布与围压以及瓦斯压力的大小相关,随着围压的增大,煤样的破断角依次大约为 25°、28°、34°。在较低围压下,倾角较陡,破裂面趋向煤样端部,随着围压的增大,倾角变小,破裂面有自端部向侧面转移的趋势。根据库仑强度理论可知[174],破断角是一个固定值,它并不会随着围压变化而改变,这与本书试验所得的结果并不一致。其原因是库仑准则所得出的包络线总是一条直线,因此内摩擦角就是唯一确定值,使得破断角也是一个确定值。实际上,由莫尔准则[175]可知,内摩擦角并不是唯一确定的,库仑准则仅仅是莫尔准则的一个特例,而且莫尔强度包络线是每个莫尔圆的外部公切线,并不是直线,因此,破断角是变化的值[49,176]。本书中吸附气体的压力对煤体破坏模式的影响规律并不明显,这个问题有待于将来做进一步的研究。

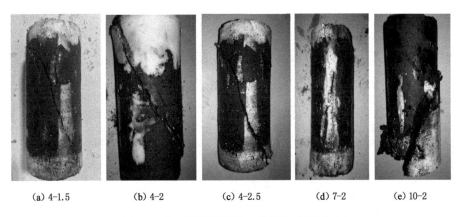

  (a) 4-1.5   (b) 4-2   (c) 4-2.5   (d) 7-2   (e) 10-2

图 3-9 含瓦斯原煤样常三轴压缩破坏形态

由图 3-10 和图 3-11 可以看出,含瓦斯煤岩组合体的破坏形态和含瓦斯煤具有较大的差异。煤岩组合体不是完整的岩石,而是具有节理面的煤岩体。由于岩石的强度大于煤体,且煤体本身存在大量节理、裂隙、弱面,并且煤体会吸附大量的瓦斯气体,导致在三轴力学加载试验中,各种围压条件下的含瓦斯煤岩组合体发生破坏的区域主要出现在煤体部分。但是在一定的条件下,煤体破坏产生的裂纹也会扩展到接触到的岩体部分,形成贯穿裂纹。在图 3-10(a) 和图 3-10(b) 中,煤体破坏的同时裂纹也贯穿到了砂岩上面,形成了宏观裂纹。而围压 4 MPa、瓦斯压力 2.5 MPa 下的煤岩组合试件以及围压 7 MPa 和 10 MPa 下的煤岩组合试件中砂岩

(a) 4-1.5　　　(b) 4-2　　　(c) 4-2.5　　　(d) 7-2　　　(e) 10-2

图 3-10　含瓦斯煤与砂岩组合体常三轴压缩破坏形态

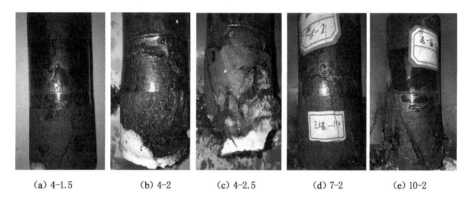

(a) 4-1.5　　　(b) 4-2　　　(c) 4-2.5　　　(d) 7-2　　　(e) 10-2

图 3-11　含瓦斯煤与泥岩组合体常三轴压缩破坏形态

部分并没有出现肉眼可见的宏观裂纹,这可能是由于相同围压下,瓦斯压力越大,煤样破坏时释放的能量相对于低瓦斯压力下要少,且瓦斯压力对砂岩的强度影响并不显著。在瓦斯压力相同的情况下,由于围压越大,砂岩和煤体强度变得大得多,强度增大了的煤体破坏时释放的能量不足以使砂岩产生宏观破坏。同理,对于煤与泥岩组合体来说,只有围压 4 MPa、气压 1.5 MPa 以及围压 7 MPa、气压 2 MPa 下的试件煤体部分和岩体部分都产生了宏观破坏。以上结果说明过高的围压和过高的瓦斯压力均不利于岩体部分发生破坏,只有在特定的条件下,煤岩组合体中煤体部分和岩体部分都产生宏观破坏。但是需要注意的是,这里仅仅指的是宏观破坏。在所有试验中,砂岩内部很可能会产生肉眼看不到的微观裂隙,这从下一节渗透率的变化中就可以推断出来。对于微观裂隙更加深入的研究需要借助其他手段,例如 CT、透射电镜等,这也是我们未来需要研究的重点内容[177]。

由图 3-10 和图 3-11 还可以看出，三轴条件下，含瓦斯煤与砂岩组合体和含瓦斯煤与泥岩组合体的破坏规律非常相似。在恒定围压条件下，在瓦斯压力较低的情况下，煤样破坏时产生的表面裂纹一般与轴向方向相平行，并且基本为分裂式裂纹。在瓦斯压力较高的情况下，煤样破坏时产生的表面裂纹以倾斜剪切裂纹为主，且多条裂纹互相平行。对于煤和砂岩组合体来说，随着瓦斯压力的继续增大，煤体开始出现 X 形剪切裂纹，此时，煤体部分由之前发生的脆性劈裂破坏逐渐转变为延性剪切破坏。对于两种组合试件来说，当气体压力一定时，随着围压的增加，煤体破坏所产生的大多数平行剪切裂纹的倾角和数量都减小。随着围压的继续增加，煤样破坏时开始出现单一的剪切裂纹。

3.2.2.3 常规三轴条件下三种试样声发射-渗透试验结果

事件计数和能量都可以用来表征声发射事件的强度和样品的损伤程度。因此，本书利用应力-声发射-渗透同步测试中的声发射计数和能量的大小来分析煤岩试件在损伤破坏及渗流耦合过程中的声发射特性。对于本章中煤岩组合体的渗透率的研究，需要说明的是，一方面，J. Handin 等[175,178-180] 的研究表明，采矿活动或者煤岩瓦斯动力灾害的发生都会伴随着瓦斯涌出，而弄清此过程中瓦斯涌出规律除了需要研究煤层自身的损伤及渗透特性外，也必须从典型煤系地层的角度出发，系统地研究煤层及上覆岩层中瓦斯的流动特性。煤岩瓦斯复合动力灾害发生时，由于很多煤层顶（底）板富含瓦斯，破裂的顶底板岩石以及邻近煤层中大量的瓦斯可能发生定向流动，进入工作面煤层，涌出灾害发生地点，造成更大的危害。因此，研究组合体中瓦斯流动行为，特别是采掘活动或者灾害发生过程中的渗流特性对于进一步认识瓦斯异常涌出以及煤岩瓦斯复合动力灾害的机理仍然有着重要的意义。另一方面，前文提到，要想弄清突出-冲击耦合动力灾害发生机理，在研究含瓦斯煤岩组合体损伤的基础上，还需要重点探讨组合体损伤过程中煤体部分的渗流特性。将含瓦斯煤岩组合体损伤及其过程中煤中瓦斯渗流进行统一研究是非常有必要的。但是由于试验条件的限制，目前还不能直接测出力学加载过程中煤体部分的渗透率，只能得到加载过程中组合体的渗透率试验值，而我们将会利用这个试验值对下文含瓦斯煤岩组合体影响下煤的渗透率模型进行验证，因此本章在研究含瓦斯煤岩组合体损伤特性的同时探讨了组合体损伤过程中渗透率的变化规律。

根据达西定律以及前人[181-182] 关于不均一地层平面线性渗流的研究，组合体总的渗透率仍然可以用达西稳态法来测定（图 3-12）。假设某组合岩层在水平方向不均一形成了三个不同的渗透率带 K_1、K_2、K_3，地层的延伸长度为 L_1、L_2、L_3，则地层总的渗透率为：

$$k = \frac{L_1 + L_2 + L_3}{\dfrac{L_1}{K_1} + \dfrac{L_2}{K_2} + \dfrac{L_3}{K_3}} = \frac{\sum\limits_{i=1}^{n} L_i}{\sum\limits_{i=1}^{n} \dfrac{L_i}{K_i}} \qquad (3\text{-}1)$$

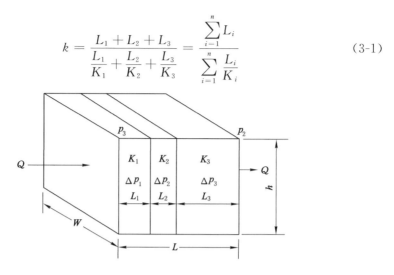

图 3-12　复合岩层的线性渗流示意图[181-182]

则对于煤与砂岩组合体来说(图 3-13),假设煤体部分和岩体部分渗透率分别为 K_1、K_2,长度分别为 L_1、L_2,则组合体总的渗透率为:

$$k = \frac{K_1 K_2 (L_1 + L_2)}{K_2 L_1 + K_1 L_2} \qquad (3\text{-}2)$$

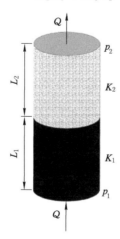

图 3-13　煤岩组合体的线性渗流示意图

由上式可知,由于本试验选取的泥岩和砂岩的渗透率远小于煤的渗透率,所以在破坏之前,组合体的渗透率基本由岩石部分来决定。图 3-14 给出单体煤在常规三轴条件下的声发射-渗透同步试验结果。

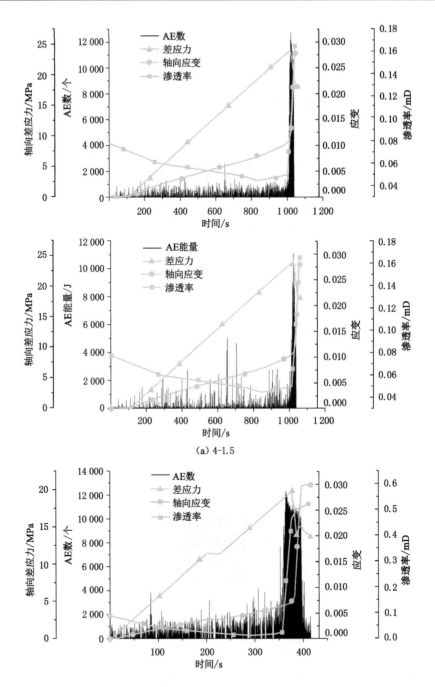

(a) 4-1.5

图 3-14 常三轴下单体煤应力-声发射-渗透率同步试验结果

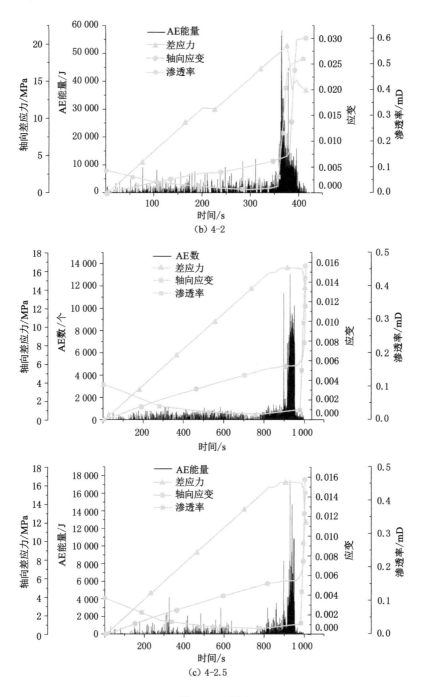

(b) 4-2

(c) 4-2.5

图 3-14 （续）

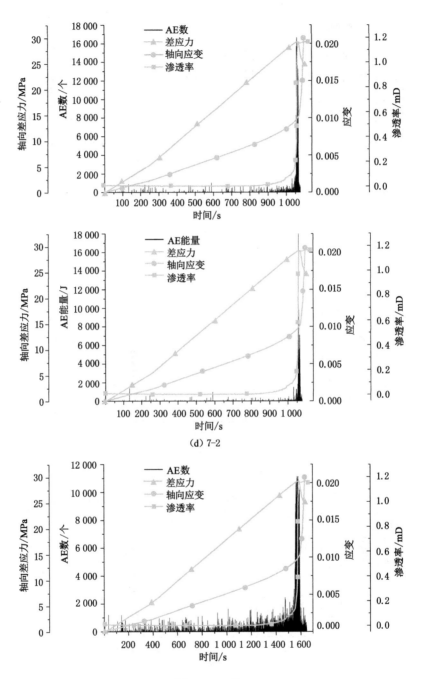

(d) 7-2

图 3-14 （续）

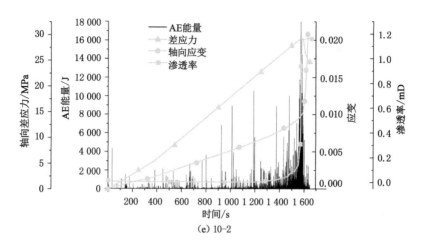

(e) 10-2

图 3-14 （续）

从图 3-14 中可以看出，在不同围压与不同气体压力条件下，声发射计数与能量参数随着轴向荷载的增加呈现出相似的规律。含瓦斯煤在三轴加载的整个阶段都伴随着声发射信号的产生，在加载初期存在少量的声发射信号，开始出现小事件，此时的声发射计数和能量都较小。这种现象源自腔体内的轴向压头和试样之间存在一个较为缓慢的接触调整过程。同时，在一些原始裂纹的压缩和闭合过程以及在闭合以后某些粗糙表面的咬合破坏作用过程中，会产生少量的声发射信号。在弹性变形阶段，声发射信号增加，但不是由于煤样应力引起的损伤和破坏，而是由于煤基质的收缩和变形以及煤体某些裂纹之间的滑动，所以声发射信号在煤体弹性变形阶段往往有比较大的波动，但不能反映煤样的受力和破坏状态。进入屈服阶段后，试件的压缩变形由主弹性向主塑性转变，试件中新的微裂纹逐渐发展，导致试件损伤并释放出较强的声发射信号。煤样一旦进入断裂破坏阶段，就会形成宏观的断裂面，发生损伤和破坏，应力迅速下降。伴随声发射信号的急剧增强，声发射计数和破坏能量瞬间达到最大。随后，应力在下降过程中将经历几个突然的下降现象，每个应力的下降都对应着一个高能断裂事件，导致声发射信号仍然处于较强的状态，但强度低于峰值应力时的信号强度。最后，随着应力的逐渐减小，声发射计数和破坏能量逐渐减小。

从图 3-14 中可以看出，对于单体煤，在不同的围压和不同的气体压力条件下，渗透率的变化都随轴向差应力的增大先减小后增大。在煤样的初始压缩变形阶段，煤中原本就存在的孔隙和裂隙受力发生闭合，因此宏观上可以观察到气体在煤中的渗透率在初始压缩阶段随着轴向差应力的增大呈现出下降的趋势，并且衰减较快，当轴向差应力增加到峰值应力的 80% 左右时，渗透率衰减到最小值。接着,随着三轴加载的继续进行,煤体所受到的轴向差应力逐渐增大,煤体内开始出现新的裂纹并向各个方向扩展促进了瓦斯的流动,此时煤渗透率变化开始转为缓慢增加的趋势。随着煤体所受到的轴向差应力的进一步增大,煤样中原有的裂纹和最新生成的裂纹都加速发生扩展。直到煤体到达其承载强度时,这些裂纹会贯通起来从而导致煤体宏观裂纹的出现,此时整个煤体中会出现多条完全贯通的瓦斯流动通道,渗透率出现了骤增现象并超过煤样在加载前的初始渗透率。在围压 10 MPa、气压 2 MPa 条件下,渗透率并没有超过初始渗透率,这可能是由于煤体的宏观断裂仅仅发生在煤体侧面的一块区域,大裂纹并没有贯通煤体。对于煤体的残余强度阶段来说,虽然煤中裂隙面已经出现了相互贯通,但是这些裂隙面之间仍然存在剪切力,而恰恰是剪切力的作用使得煤体可以保持残余强度。虽然这个阶段在有些情况下煤体渗透率会有所上升,但是总体上,相对于前一阶段,残余阶段的渗透率上升缓慢得多,增加速率要远低于峰后破坏阶段,煤样不再继续形成宏观裂纹,那么渗流通道就变得相对稳定,由此可见,含瓦斯煤体的损伤与渗透是共同变化、相互影响的。但是在本试验中并没有观察到煤体渗透率变化相对于其损伤具有明显的时间滞后效应。

由于无论对哪一种试件而言,声发射计数与能量参数随着轴向荷载的增加呈现出相似的规律,因此对煤岩组合体的声发射结果的分析只讨论声发射计数的变化规律。图 3-15 和图 3-16 分别给出了煤与泥岩组合体、煤与砂岩组合体在常规三轴条件下的应力-声发射-渗透同步试验结果。从图中可以看出,相同条件下,煤与泥岩组合体、煤与砂岩组合体的声发射参数在不同的加载阶段呈现出与单体煤相似的变化规律,在此不再赘述。对于破坏瞬间的声发射计数和能量,三种试件并没有体现出明显的规律,但是通过观察加载全过程的累积计数和累计能量可以看出,在 4 MPa 和 7 MPa 围压下,煤与泥岩组合体和煤与砂岩组合体的累积计数和累计能量均高于单体煤,而在 10 MPa 围压下,煤与砂岩组合体的累积计数和累计能量均低于单体煤。煤与泥岩组合体的累积计数和累计能量虽然高于单体煤,但是与单体煤的差值逐渐缩小,这说明在较低的围压下,煤岩组合体的累积计数和累计能量高于单体煤,随着围压的不断增大,煤岩组合体的累积计数和累计能量将会逐渐低于单体煤。与单纯的岩石不同,受煤体成分和结构特征影响,含瓦斯煤岩组合体在三轴加载的整个阶段也伴随着声发射信号的产生,组合体的破坏更多的是煤体的失稳破坏导致的整体失稳。

图 3-15～图 3-16 可以看出,在压实阶段和弹性阶段,三轴力学加载下煤岩组合体总的渗透率的变化规律与单煤体一致。在峰后破坏阶段,所有的组合体中煤体部分基本都形成了贯穿裂纹,当这些裂纹贯穿到上部的岩石部分并将整个组合体贯通时,渗透率急速增加并超过初始渗透率,如:煤与砂岩组合体的

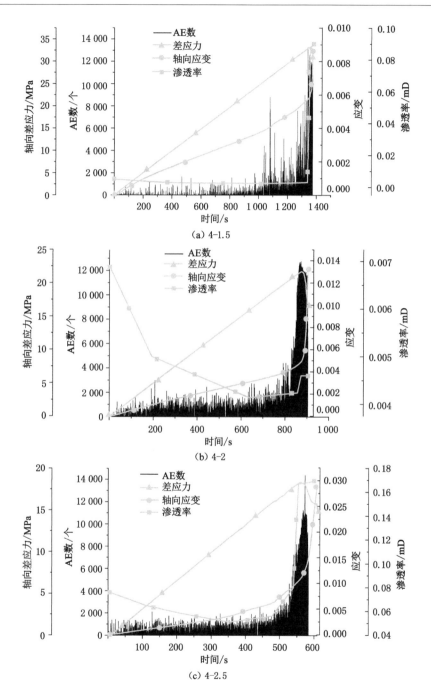

（a）4-1.5

（b）4-2

（c）4-2.5

图 3-15 常三轴下煤与泥岩组合体应力-声发射-渗透率同步试验结果

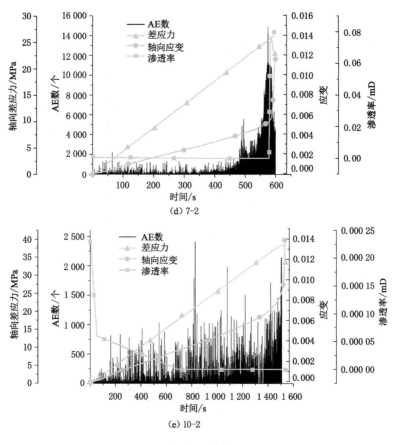

(d) 7-2

(e) 10-2

图 3-15 （续）

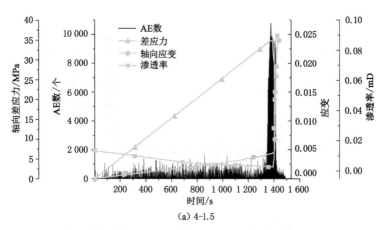

(a) 4-1.5

图 3-16 常三轴下煤与砂岩组合体应力-声发射-渗透率同步试验结果

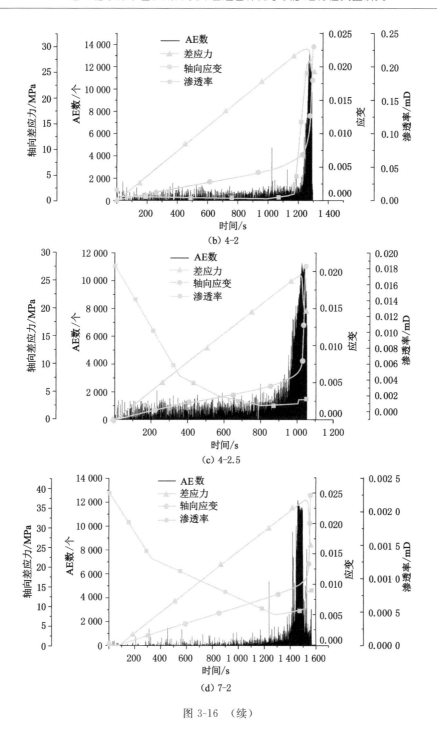

图 3-16 （续）

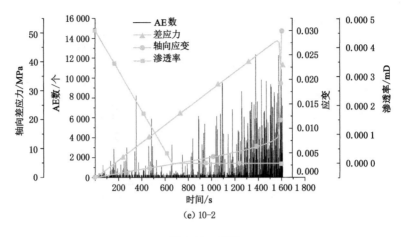

(e) 10-2

图 3-16 （续）

4-1.5、4-2,煤与泥岩组合体的 4-1.5、4-2.5、7-2。从照片上看,只有煤与砂岩组合体的 4-2 外表面有非常明显的贯穿大裂纹,其余四个试样表面并没有贯穿大裂纹。从渗透率变化曲线可以推断出,这四个试样内部已经发生了较大的损伤以至于渗透率急剧增大。当组合体中煤体部分的裂纹贯穿到上部岩石,但并没有贯穿整个岩石部分时,渗透率快速增加,但仍然低于初始渗透率,类似于煤样在围压 10 MPa 条件下的情况,如:煤与砂岩组合体的 4-2.5、7-2,煤与泥岩组合体的 4-2,且这种情况下残余阶段的渗透率基本不增加。并且总体上看,由于煤与泥岩组合体在相同条件下损伤程度大于煤与砂岩组合体,因此最终渗透率的增幅也大于煤与砂岩组合体。围压 10 MPa 条件下,较大的围压使得两种组合体的渗透率在弹性阶段就已经降到 0。而在峰后阶段和残余阶段也一直都为 0,这是由于当煤样破坏后,由于岩石部分强度较大,并没有产生宏观裂纹以及较为明显的内部损伤,所以渗透率依然为 0。

与单体煤破坏相比,由于煤岩组合体破坏过程中煤和岩相互作用比较复杂,本书没有发现相同条件下组合体渗透率增幅与煤的渗透率增幅之间的明确规律,说明组合体的渗透率演化与单体煤并不相同,而是取决于岩石部分的损伤程度。由此可见,含瓦斯煤及砂岩组合体变形破坏过程中渗透率的变化规律与煤岩体中裂纹的发生和扩展有着非常紧密的联系。煤岩体内裂纹的发生和扩展不仅影响着煤体以及煤岩组合体的宏观应力-应变特征,还决定了其渗透率演化特征。

3.2.2.4　不同围压下含瓦斯煤及煤岩组合体强度特性

在瓦斯压力一致的情况下,三种试件的峰值强度都随着围压的增大而增大。弄清含瓦斯煤及煤岩组合体的强度特性需要可靠的强度准则。根据左建平的研究，Mohr-Coulomb 强度准则适用于煤岩组合体[57]。根据刘恺德的研究，Mohr-Coulomb 强度准则适用于含瓦斯煤体[49]，但 Mohr-Coulomb 强度准则是否适用于含瓦斯煤岩组合体鲜有报道[177]。本节利用 Mohr-Coulomb 强度准则对不同围压下含瓦斯煤体与煤岩组合体三轴压缩试验数据进行拟合。Mohr-Coulomb 可以由轴向压力和环向压力来表示，如式（3-3）所示：

$$\sigma_1 = b + k_b\sigma_3 \tag{3-3}$$

式中，b、k_b 为强度因子，可以由内摩擦角 φ 和内聚力 C 来表示，如式（3-4）和式（3-5）所示：

$$\varphi = \arcsin\frac{k_b - 1}{k_b + 1} \tag{3-4}$$

$$C = \frac{b(1 - \sin\varphi)}{2\cos\varphi} \tag{3-5}$$

Mohr-Coulomb 强度准则拟合结果如图 3-17 所示。从图中可以得出，瓦斯压力为 2 MPa 条件下，单纯煤体以及煤与砂岩组合体的强度与围压呈线性关系，拟合度在 99% 左右。而煤与泥岩组合体的强度与围压基本呈线性关系，拟合度为 91%。造成这个结果的原因可能是试验个数总体偏少，加之煤岩样自身离散性较大，试验结果难免存在偶然性。但是，从整体上看，Mohr-Coulomb 强度准则可以用于含瓦斯煤体以及煤岩组合体破坏的判定。根据左建平的研究，Hoek-Brown 强度准则和广义 Hoek-Brown 强度准则都适用于煤岩组合体，但由于试验条件的限制，我们没有测得单轴条件下含瓦斯煤与煤岩组合体在 2 MPa 瓦斯压力下的强度，所以此处无法验证 Hoek-Brown 强度准则和广义 Hoek-Brown 强度准则是否适用于含瓦斯煤岩组合体，这是未来我们继续研究的重点内容。

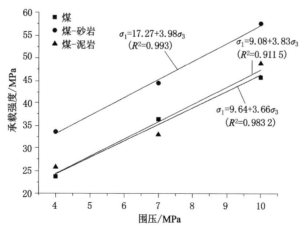

图 3-17 Mohr Coulomb 强度准则拟合曲线

　　图 3-18 给出了围压与残余强度、瓦斯压力与残余强度、瓦斯压力与峰值强度的关系。容易看出,随着瓦斯压力的增加,三种试件的峰值强度和残余强度逐渐减小,随着围压的增加,三种试件的残余强度逐渐增大。

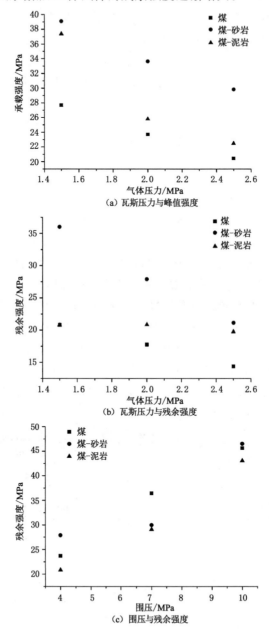

图 3-18　特定条件下围压、瓦斯压力与残余强度、峰值强度的关系

3.3　讨论

通过本章的研究我们得到,在其他条件一致的情况下,含瓦斯煤及组合体的强度关系为:煤与砂岩组合体＞煤与泥岩组合体＞煤,并且瓦斯对组合体的力学性质也具有较大的影响,说明在突出-冲击耦合动力灾害的研究中,必须将瓦斯、煤、岩三者结合起来整体进行研究。不同的组合形式(煤与砂岩、煤与泥岩)在不同的应力与瓦斯条件下,受开采扰动引起的外力作用下的破坏形式有很大的区别,即动力灾害发生的类型与特征不尽相同。对于含瓦斯煤岩组合体来说,由于瓦斯对煤体的软化作用大于对岩体的软化作用,所以组合体强度受控于含瓦斯煤体部分。当围压一定的情况下(如本章中的 4 MPa 下),随着瓦斯压力的增大,组合体的强度变小,且岩体部分与煤体部分强度差距增大。对于煤与砂岩来说,低瓦斯压力情况下(如 1.5 MPa),当组合体整体破坏时,煤岩释放的弹性能可能远大于瓦斯压力释放的膨胀能,对应的灾害类型主要是冲击地压灾害。随着瓦斯压力增大(如 2 MPa),煤岩体强度变低,相对较容易破坏,且破坏时煤岩释放的弹性能相对低瓦斯压力时要小,又由于相对较高的瓦斯压力会释放一定的瓦斯膨胀能,在煤岩弹性能和瓦斯膨胀能的综合作用下,组合体发生整体破坏,对应的灾害类型主要是突出-冲击耦合动力灾害。随着瓦斯压力的继续增大(2.5 MPa),组合体强度更低,煤岩体部分强度差距更大,又由于处于较高的瓦斯压力下,所以组合体的整体破坏实际上只是煤体在较短的时间进行了破坏,释放出了较大的瓦斯膨胀能,释放的煤岩弹性能相对较少,对应的灾害类型主要是煤与瓦斯突出灾害。当瓦斯压力相同的情况下,随着围压的增大(如 10 MPa),组合体强度变大,岩体部分与煤体部分强度差距增大,所以破坏时主要是煤体发生破坏,灾害类型过渡为冲击地压灾害。煤与泥岩组合体的破坏情况与煤与砂岩组合体具有相同的规律,不同的是,泥岩的强度低于砂岩,所以要发生突出-冲击耦合动力灾害,需要煤与泥岩组合体中瓦斯压力更小(1.5 MPa)或者围压更大(7 MPa)。

对于煤岩组合体来说,发生复合动力灾害时,渗透率会急剧上升,这为大量的瓦斯从邻近煤层以及顶底板中涌出创造了有利的条件,使得灾害造成的破坏加剧。通过本章的研究我们可以看出,突出-冲击耦合动力灾害的发生是应力场-裂隙场-渗流场耦合作用的结果。以后的研究要继续将煤、岩、瓦斯作为一个整体进行基础研究,探究突出-冲击耦合动力灾害孕育发生过程中煤岩破裂和瓦斯运移规律,深入研究突出-冲击耦合动力灾害孕育发生过程中煤岩体、瓦斯、应力相互作用机制,为复合动力灾害的防控提供科学依据。

3.4　本章小结

　　本章以含瓦斯煤和煤岩组合体为研究对象,进行了常规三轴加载力学试验,同步测定了三轴加载过程中的渗透率和声发射信号,对比了不同瓦斯压力和不同围压下煤体及煤岩组合体力学行为的差异,分析提取了含瓦斯煤体及煤岩组合体失稳破坏前兆特征,得出了以下结论和认识:

　　(1)单轴加载试验中,原煤试样、煤与泥岩组合体、煤与砂岩组合体主要发生脆性破坏,五种试样的应力-应变曲线均经历了裂隙压缩、弹性变形、塑性变形、应变软化和塑性流动五个阶段。峰值应力结束后,应力存在明显的"应力下降"现象,且不同的试件有不同的下落速度:砂岩>泥岩>煤与砂岩组合体>煤与泥岩组合体>煤。煤岩组合体的承载强度介于岩体与煤体之间,且煤与砂岩组合体的强度大于煤与泥岩组合体。

　　(2)在瓦斯压力一定的情况下,随着围压的升高,原煤试样、煤与泥岩组合体、煤与砂岩组合体的强度均增大,出现明显的延性破坏特征,弹性模量的变化规律并不明显,但整体上具有增大的趋势,且总体上看,煤与砂岩组合体的弹性模量最大,煤与泥岩组合体的弹性模量次之,而煤的弹性模量最小。在围压一定的情况下,三种试件的承载强度以及弹性模量均随瓦斯压力的增大而减小。

　　(3)在围压作用下,煤样破坏特征简单,破裂面相对单一,破坏模式总体以剪切破坏为主。三轴力学加载试验中,各种围压条件下的含瓦斯煤岩组合体发生破坏的区域主要出现在煤体部分,但是在一定的条件下,煤体破坏产生的裂纹也会扩展到接触到的岩石部分,形成贯穿裂纹。含瓦斯煤以及煤岩组合体强度特征均符合 Mohr-Coulomb 强度准则,随着瓦斯压力的增加,试件峰值强度和残余强度有减小的趋势,随着围压的增加,试件残余强度呈现出增大的趋势。

　　(4)在不同的应力以及瓦斯压力条件下,含瓦斯煤及煤岩组合体的渗透率变化规律不同。含瓦斯煤及煤岩组合体变形破坏过程中渗透率的变化规律与煤岩体中裂纹的发生和扩展有着非常紧密的联系。煤岩体内裂纹的发生和扩展不仅影响着煤体以及煤岩组合体的宏观应力-应变特征,还决定了其渗透率演化特征。

　　(5)含瓦斯煤及煤岩组合体在三轴加载的整个阶段都伴随着声发射信号的产生,在加载初期,存在少量的声发射信号。在弹性变形阶段,声发射信号增加。进入屈服阶段后,试件损伤并释放出较强的声发射信号。煤样一旦进入断裂破坏阶段,就会形成宏观的断裂面,发生损伤和破坏,应力迅速下降,伴随声发射信号的急剧增强,声发射计数和破坏能量瞬间达到最大。

（6）在低围压下，煤岩组合体声发射信号分布特征更类似于煤体的连续分布特征，但又由于强度高于单体煤，因此破坏所需要的时间以及破坏过程的损伤程度都要大于单体煤。而在高围压下，煤岩组合体声发射信号分布特征更类似于岩石的脉冲分布特征，相对于单体煤，强度更大的煤岩组合体的累积损伤减小的更多。煤与泥岩组合体的累积计数和累计能量高于煤与砂岩组合体。

4 卸荷条件下含瓦斯煤岩组合体力学及渗透特性试验研究

对于煤系地层中的煤岩组合体来说,在原始状态下处于三向受力状态下。在工作面开采和井下巷道掘进的过程中,煤岩组合体将会受到卸荷作用,这种作用既包括轴向的加载也包括径向的卸载[96-97,183-184]。然而目前对含瓦斯煤岩组合体卸荷条件下的力学行为和渗透演化规律还鲜有报道。仅仅对含瓦斯煤岩组合体在常规三轴下的力学及渗透特性的研究并不能满足对突出-冲击耦合动力灾害机理的认识。对煤岩组合体在卸荷条件下的力学及渗流特性进行研究对于认识深部煤岩突出-冲击耦合动力灾害的发生机制,以及更好地预防深部煤岩突出-冲击耦合动力灾害和保障矿井安全开采都具有重要的指导意义。

本章以含瓦斯煤与砂岩组合体为研究对象,结合声发射技术对含瓦斯煤与砂岩组合体进行定轴压卸围压、复合加卸载两种卸荷路径下的力学试验,对比不同瓦斯压力和不同围压条件下含瓦斯煤岩组合体卸荷破坏行为的差异,同时分析提取含瓦斯煤岩组合体失稳破坏的前兆特征。

4.1 试验设备与方法

4.1.1 试验装置与样品

本章的试验仍然采用第 3 章里使用的 RLW-500G 煤岩三轴蠕变-渗流试验系统,试验样品仍然取自山西省阳泉市新景煤矿 15# 突出煤层的采煤工作面,为了尽可能全面掌握含瓦斯煤岩组合体卸荷力学行为,同时考虑客观条件的限制,我们选取了煤与砂岩组合体试样作为本章的研究对象,其中煤与砂岩的尺寸均为 ϕ50 mm×50 mm,组合后的试件尺寸为 ϕ50 mm×100 mm,即径高比为 1:2。

4.1.2 试验方案与步骤

为了全面地了解含瓦斯煤岩组合体在不同初始围压和不同瓦斯压力条件下的卸荷力学行为和渗流演化特性,本章设计了定轴压卸围压、复合加卸载两种卸荷应力路径,以下对两种卸荷路径进行说明。为了更加清晰地表示出两种卸荷路径及便于与常规三轴加载路径进行对比,做出如图 4-1 所示的应力路径以及应力莫尔圆示意图。

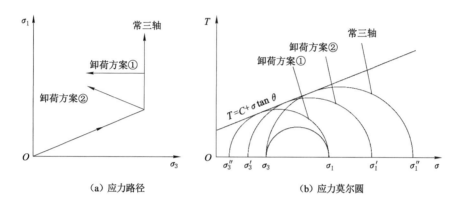

（a）应力路径 （b）应力莫尔圆

图 4-1 常三轴及卸荷应力路径以及应力莫尔圆

卸荷方案①（定轴压卸围压）的整个过程分为两个阶段:第一阶段,按静水压力条件逐步施加 $\sigma_1 = \sigma_2(\sigma_3)$ 至预定值,然后通入瓦斯,待瓦斯充分吸附 60 h;第二阶段,瓦斯吸附平衡后,固定围压,施加轴向荷载至三轴抗压强度的 60%,然后保持轴压不变,以 800 N/min 的速度降低围压至煤岩破坏,设置围压目标值略高于瓦斯压力,同时进行瓦斯渗流试验。

卸荷方案②（复合加卸载）的第一阶段与卸荷方案①中相同。第二阶段:从静水压力开始分别以 50 N/s 的加载速率施加轴向压力的同时以 800 N/min 的速率降低围压,直至试件破坏,设置围压目标值略高于瓦斯压力,同时进行瓦斯渗流试验。渗流试验的相关步骤参考第 3 章的相关内容。

4.2 试验结果和分析

4.2.1 变形特征分析

表 4-1 给出了煤与砂岩组合体在卸荷条件下的力学及声发射测试结果。

表 4-1　煤与砂岩组合体在卸荷作用下的力学及声发射测试结果

路径	σ_3/MPa	σ_3'/MPa	p/MPa	E/MPa	σ_1/MPa	σ_r/MPa	ε_1	ε_3	N/($\times 10^3$ 个)	$\sum N$/($\times 10^6$ 个)	E_A/($\times 10^3$ J)	$\sum E_A$/($\times 10^6$ J)	t/s
卸荷方案①	4	3.63	1.5	6 052	23.66	15.06	0.003 7	−0.005 5	11.85	5.364	65.30	7.465	986
	4	3.74	2	5 900	19.46	14.10	0.003 2	−0.004 7	11.03	7.551	48.90	11.87	860
	4	3.85	2.5	5 251	17.83	13.52	0.002 8	−0.004 1	13.98	12.05	66.23	19.52	767
	7	5.30	2	5 920	26.60	21.60	0.003 9	−0.006 8	12.36	4.750	25.49	2.999	1 132
	10	6.75	2	7 218	34.53	28.85	0.006 0	−0.008 9	2.106	0.604	13.08	2.728	1 234
卸荷方案②	4	1.81	1.5	4 950	25.19	15.28	0.007 8	−0.020 5	10.94	11.11	54.44	16.81	840
	4	2.11	2	4 601	16.87	14.71	0.006 0	−0.018 9	11.84	8.997	62.78	22.69	451
	4	2.72	2.5	3 390	15.01	10.93	0.004 5	−0.011 6	11.58	14.45	69.11	18.71	433
	7	2.41	2	5 254	18.17	16.40	0.007 1	−0.022 2	10.36	5.512	42.38	5.736	902
	10	3.23	2	6 000	23.98	18.05	0.008 3	−0.023 6	11.54	2.518	69.57	3.276	1 060

　　两种卸荷应力路径、不同瓦斯压力及不同初始围压下煤与砂岩组合体典型的偏应力-应变全过程曲线如图 4-2～图 4-3 所示。

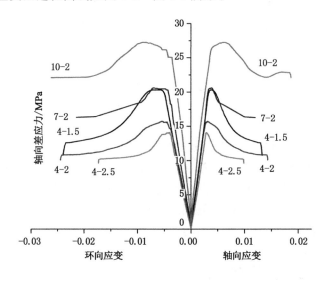

图 4-2　典型煤与砂岩组合体卸围压试验偏应力-应变曲线

　　将图 4-2 和图 4-3 中的应力-应变曲线与第 3 章常规三轴下煤与砂岩组合体的偏应力-应变全过程曲线进行对比分析，可以看出：

　　（1）与常规加载方式类似，煤与砂岩组合体在卸荷应力路径下的应力-应变

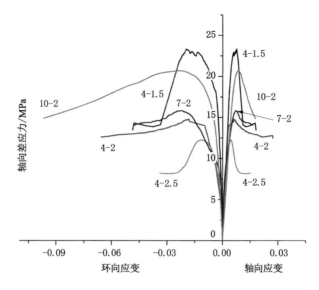

图 4-3　典型煤与砂岩组合体复合加卸载试验偏应力-应变曲线

曲线均无明显的初始压密阶段,主要呈现为弹性、屈服、破坏或峰后软化 3 个阶段。在卸荷应力路径下,煤与砂岩组合体在瓦斯压力一定的情况下,随着初始围压的增大,峰值轴向应变逐渐增大,峰值环向应变整体上也逐渐增大,延性特征较为明显。在围压一定的情况下,试件峰值轴向应变均随瓦斯压力的增大而减小。

(2) 不同的应力路径对含瓦斯煤与砂岩组合体的力学特性有不同的影响。在初始围压和瓦斯压力相同的情况下,卸荷方案①较常规加载条件下的峰值轴向应变有所减小。随着围压的卸载,轴压缓慢下降,基本保持稳定状态,当围压卸载到一定数值时,轴压突然下降,这时试件瞬间失去抗压能力,煤体内出现了较大的破坏,卸荷方案①较常规加载更容易导致煤岩组合体发生破坏。卸荷方案①中,试件破坏点对应的环向应变与轴向应变的比例平均值在 1.6 左右,而常规加载中,此平均值在 1.4 左右,说明卸荷过程中煤岩沿水平方向向外扩展变形比常规加载下更加明显。而卸荷方案①中,试件破坏点的峰值环向应变值小于常规加载,这是由于本试验设计的卸荷方案中,卸围压并没有在静水压力点就开始,而是在峰值强度的 60% 左右开始卸围压,这时试件已经接近屈服阶段。卸围压开始后,由于围压不断减小,导致试件在较小的应变增加量的条件下就快速失去承载能力。在气体压力和初始围压一致的条件下,卸荷方案②较常规加载条件下的峰值轴向应变有所减小,而试件破坏点的峰值环向应变值大于常规加载,试件破坏点对应的环向应变与轴向应变的比例平均值在 2.5 左右,说明煤岩组合体试件在加卸载试验中侧向变形较大,表现出非常强烈的扩容特征。

(3) 煤与砂岩组合体在三种应力路径下的弹性模量与初始围压、弹性模量与瓦斯压力的关系如图 4-4 所示。

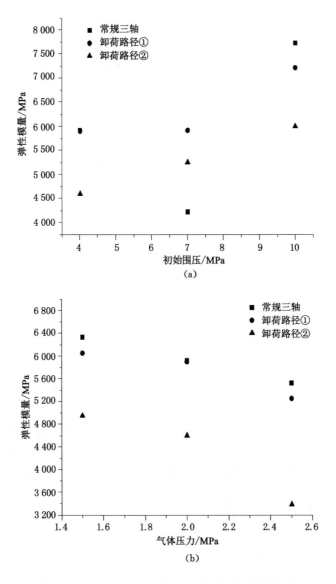

图 4-4 煤与砂岩组合体在三种应力路径下的弹性模量与初始围压、
弹性模量与瓦斯压力的关系

由图 4-4 可以看出,对于三种路径来说,随着围压的增大,弹性模量的变化规律并不明显,但整体上呈现出增大的趋势。随着瓦斯压力的增大,弹性模量具有减小的趋势。卸荷方案②中试件的弹性模量整体上小于卸荷方案①和常规加载条件下的弹性模量。

4.2.2　破坏特征分析

含瓦斯煤与砂岩组合体在卸荷应力路径下的破坏形态以及素描图如图 4-5～图 4-8 所示。

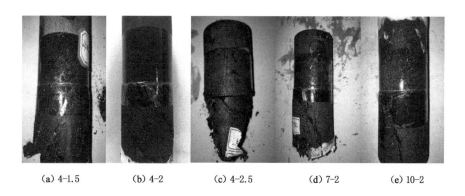

|（a）4-1.5|（b）4-2|（c）4-2.5|（d）7-2|（e）10-2|

图 4-5　煤与砂岩组合体在卸围压下破坏实物图

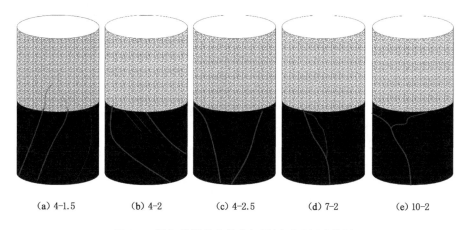

|（a）4-1.5|（b）4-2|（c）4-2.5|（d）7-2|（e）10-2|

图 4-6　煤与砂岩组合体在卸围压下破坏素描图

由图 4-5 可以看出,在本书的试验方案下,与常规三轴相比,试件在卸围压路径下并没有表现出更强的破坏特征,煤体部分张性破裂特征很少或者没有,基

图 4-7　煤与砂岩组合体在复合加卸载下破坏实物图

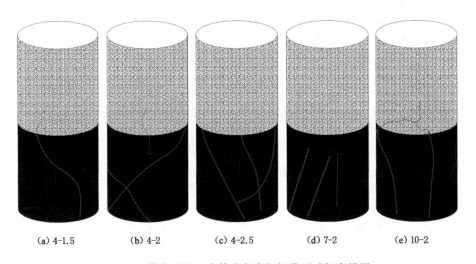

图 4-8　煤与砂岩组合体在复合加卸载下破坏素描图

本还表现出剪切破坏的特征,这可能是由于同等卸围压条件下,组合体中岩石部分的扩容较煤体部分来说弱得多,这种作用会对煤体部分的扩容起到一定的限制作用,导致整个组合体的破坏形态与常规三轴相比并没有发生明显的变化。卸围压条件下,只有围压 4 MPa、气压 1.5 MPa 条件下岩石部分出现了宏观裂纹,这一方面说明本书卸围压方案下,组合体破坏程度与常规三轴相比差别不大,另一方面说明,卸围压使得组合体的承载强度降低(主要是煤体部分),导致相同初始围压条件下,卸围压破坏后煤体释放的能量更不容易使岩体部分发生损伤。

　　由图 4-7 可以看出,复合加卸载条件下,煤岩组合体中煤体部分变形呈现出沿卸荷方向强烈扩容或膨胀的特征,煤体部分往往同时并存有轴向张性破裂面和剪性破裂面。与常规三轴加载试验相比,煤岩组合体在卸围压和复合加卸载路径下更容易发生失稳破坏,并且破坏时的剧烈程度也更大。复合加卸载条件下,图 4-7(a)、(b)、(e)中的试件岩石部分出现了小范围的宏观裂纹,这说明复合加卸载使得组合体试件的承载强度降低,由于煤体部分发生了更为剧烈的破坏,导致试件破坏时释放的能量更为剧烈,促使岩石部分发生较大的损伤。

4.2.3 卸荷条件下煤与砂岩组合体声发射-渗透试验结果

深部煤矿开采一般是在卸荷状态下进行的,从卸荷角度研究含瓦斯煤岩组合体在损伤破坏过程中的声发射特性对于揭示煤岩复合动力灾害的发生机制具有重要的参考价值。目前的研究多集中于对单体煤以及单体岩石在卸荷条件下的声发射特征[185-189],对煤岩组合体在卸荷条件下的声发射特征还鲜有报道。

图 4-9 和图 4-10 分别给出了煤与砂岩组合体在卸围压以及复合加卸载条件下的应力-声发射计数-渗透率同步试验结果。在图 4-9 中,煤与砂岩组合体在加载的初期到卸围压开始之前这一阶段中声发射活动相对较为平静。由于煤岩样本身属于非均质性的多孔介质,使得试验结果不可避免地会有一定的离散性(如 7-2),但是基本规律与常规三轴加载下的试验结果仍然具有相似性。而在煤与砂岩组合体进行卸围压的初期,声发射事件数没有增加,而是趋于减少,这是由于煤岩试件在卸围压的初始阶段受到弹性恢复效应的影响尚未进入塑性阶段。围压卸载开始后,很快在恒定的轴向压力和持续降低的围压的联合作用下,试件渐渐地进入屈服阶段。在屈服阶段中,煤岩样呈现出异常剧烈的声发射活动。随着卸围压的继续进行直到中后期阶段,声发射活动出现急剧增加。当煤体中形成宏观大裂纹时,煤体完全破坏失稳,这时组合体也会整体失稳失去承载能力。组合体失稳破坏瞬间声发射计数和能量均达到最大值,之后声发射活动趋于平静。与卸围压相比,在复合加卸载过程中,煤与砂岩组合体更快地进入屈服阶段,试样发生损伤破坏所需时间更短。在围压的下降值相同的情况下,复合加卸载路径中试件所受的轴向荷载较大,从而煤岩上方压头对煤岩体所做的功就越大,在此过程中煤岩试件中会集聚更多的弹性能,因而试件在复合加卸载作用下发生失稳破坏时释放的弹性应变能更多,宏观上看复合加卸载路径下煤岩组合体在整个力学加载过程中积累的声发射事件数和能量数就远大于卸围压条件下。相比于卸围压条件,复合加卸载条件下煤岩组合试件更容易发生失稳破坏,且破坏程度也更为剧烈。进入屈服阶段后,随着试件内部新裂隙的生成、扩展和贯通,会释放出较强的声发射信号,但在较低的围压下,进入屈服阶段后,随

着加卸载的进行声发射试件出现了相对平静现象。随后声发射事件数开始增多,并且最大值在峰值强度附近出现。与常规三轴加载条件相比,复合加卸载路径中试件所受的围压更小,从而使得煤岩组合体试件的变形破坏更加趋向于延性破坏。同时,在常规三轴条件下,随着轴向加载的进行,轴向差应力增大的过程中,煤岩试样会发生损伤扩容,煤岩试件内部颗粒与颗粒之间的相对移动更加显著,并且内部的微裂纹的扩展也更加强烈,这些过程会耗散大部分的弹性应变能,因此煤岩组合体在常规三轴条件下破坏后向外界释放的能量远小于复合加卸载,导致声发射累积事件数和累积能量均小于复合加卸载。三种路径下煤与砂岩组合体失稳破坏过程中的累积事件数和能量的关系为:复合加卸载>卸围压>常三轴。

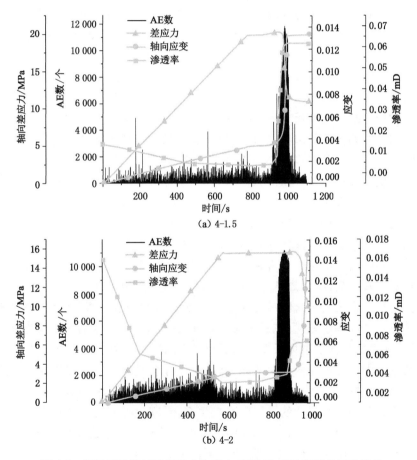

图 4-9 卸围压下煤与砂岩组合体应力-声发射-渗透率同步试验结果

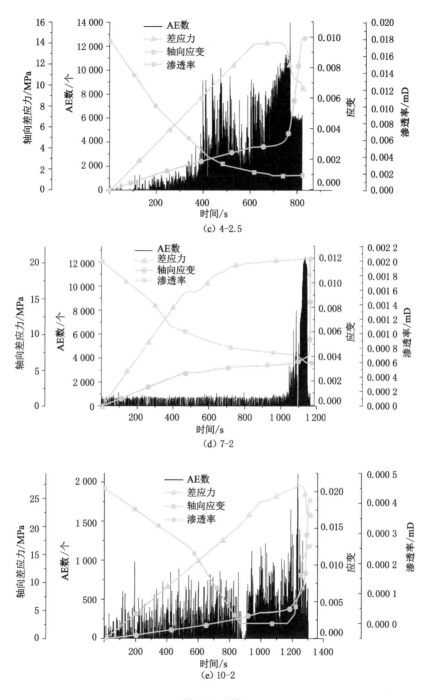

(c) 4-2.5

(d) 7-2

(e) 10-2

图 4-9 （续）

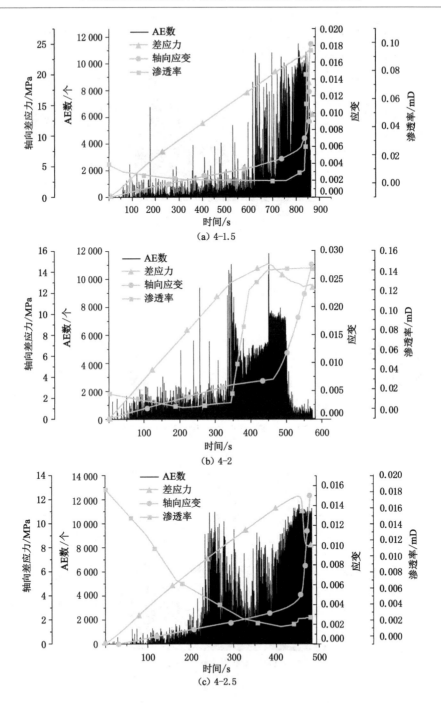

图 4-10　复合加卸载下煤与砂岩组合体应力-声发射-渗透率同步试验结果

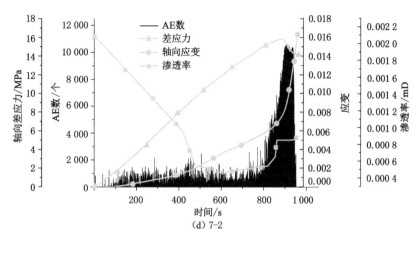

(d) 7-2

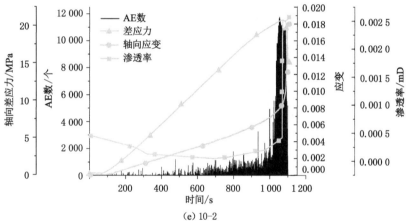

(e) 10-2

图 4-10　（续）

　　为了更好地研究煤与砂岩组合体在卸荷过程中渗透率的变化规律,同时为了便于对比研究,结合常规三轴试验结果,我们单独将三种路径下的应变-渗透率和应变-应力曲线表示出来,如图 4-11 所示。

　　图 4-11 可以看出,在压实阶段和弹性阶段,煤岩组合体总的渗透率随着轴向差应力的增加而呈现出与煤样相似的变化规律。在峰后破坏阶段,所有的组合体中煤体部分基本都形成了贯穿裂纹。

　　（1）当这些裂纹贯穿到上部的岩石部分,并将整个组合体贯通时,渗透率急

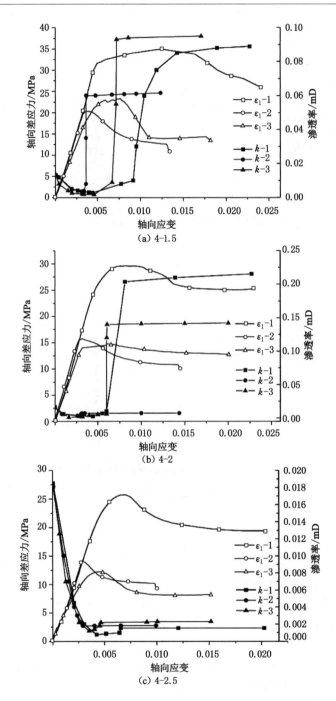

图 4-11　不同应力路径下煤与砂岩组合体应力-应变、应变-渗透率曲线

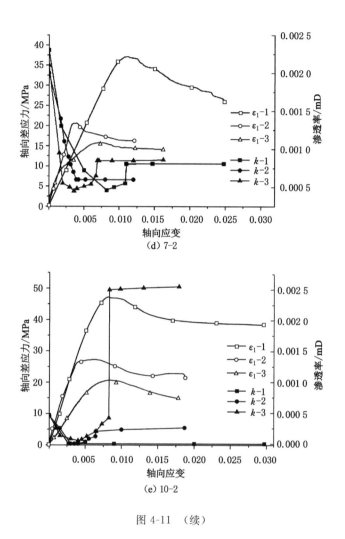

(d) 7-2

(e) 10-2

图 4-11 （续）

速增加,并超过初始渗透率,如 4-1.5(常三轴/卸荷方案①/卸荷方案②),4-2(常三轴/卸荷方案②),10-2(卸荷方案②),但是从试件破坏的照片上看,只有 4-2(常三轴)在砂岩表面形成了非常明显的贯穿大裂纹,其余几个砂岩表面并没有贯穿大裂纹,仅仅是出现了一些较小的宏观裂纹。从渗透率变化曲线可以推断出,这几个试样内部已经发生了较大的损伤以至于渗透率急剧增加。

（2）当峰后破坏阶段岩石部分没有形成宏观裂纹的情况下,有几组试验中的渗透率仍然快速增加,但低于初始渗透率,且这种情况下残余阶段的渗透率是基本不增加的,说明岩石内部可能形成了较大的损伤裂纹,但是这些内部损伤并没有贯穿整个岩石。如 4-2(卸荷方案①),4-2.5(常三轴/卸荷方案①/卸荷方案②),7-2(常三轴/卸荷方案②),10-2(卸荷方案①)。

(3) 当煤样破坏后,卸围压(卸荷方案①)路径下组合体最终破坏后的渗透率基本都小于常规三轴试验,再一次说明本书设计的卸围压方案下组合体虽然较常规三轴下的组合体更容易破坏,但是破坏时的剧烈程度却低于常规三轴条件下。而复合加卸载路径下组合体最终破坏后的渗透率基本都大于常规三轴试验,进一步说明与常规三轴加载试验相比,复合加卸载条件下含瓦斯煤岩组合体更容易发生失稳破坏,并且破坏程度也更为剧烈。

通过本章的卸荷试验,结合第 3 章的常规三轴试验,我们可以进一步得出含瓦斯煤岩组合体变形破坏过程中渗透率的变化规律与煤岩体中裂纹的发生和扩展有着非常紧密的联系。煤岩体内裂纹的发生和扩展不仅影响着煤岩组合体的宏观应力-应变特征,还决定了其渗透率演化特征,且含瓦斯煤岩组合体内的裂纹扩展要受到瓦斯赋存条件、实际采动应力以及多重应力路径的影响。

4.2.4　卸荷条件下含瓦斯煤岩组合体强度特性

图 4-12 给出了煤与砂岩组合体在不同的应力路径下初始围压与承载强度/残余强度、瓦斯压力与承载强度/残余强度的关系。容易看出,随着初始围压的增大或者瓦斯压力的增大,煤与砂岩组合体在三种应力路径下的峰值强度和残余强度逐渐增大。对于煤与砂岩组合体来说,三种应力路径下的承载强度关系为:常三轴＞卸围压＞复合加卸载。

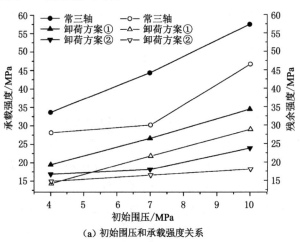

(a) 初始围压和承载强度关系

图 4-12　不同参数之间的关系

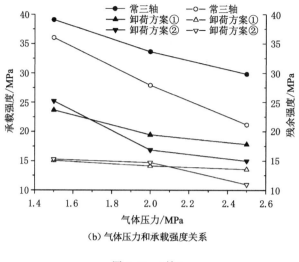

（b）气体压力和承载强度关系

图 4-12 （续）

为了弄清含瓦斯煤岩组合体在卸荷条件下的强度特性,需要可靠的强度准则。根据左建平等的研究,Mohr-Coulomb 强度准则适用于煤岩组合体[57],根据以往的研究[99],Mohr-Coulomb 强度准则适用于卸荷条件下的含瓦斯煤体,第 3 章的研究也表明,Mohr-Coulomb 强度准则适用于三轴条件下含瓦斯煤岩组合体,但 Mohr-Coulomb 强度准则是否适用于卸荷条件下含瓦斯煤岩组合体鲜有报道。

本节仍然利用 Mohr-Coulomb 强度准则对试件破坏时的围压下含瓦斯煤与砂岩组合体三轴卸荷试验数据进行拟合,拟合结果如图 4-13 所示。

通过拟合得出,煤与砂岩组合体在两种卸荷路径下的承载强度与试件整体破坏时的围压也呈现线性关系,拟合度均在 99％左右。这说明 Mohr-Coulomb 强度准则不仅适用于常规加载下的含瓦斯煤岩组合体,也同样适用于卸荷作用下的含瓦斯煤岩组合体。

基于线性回归的结果,根据式(3-3)～式(3-5),可以算出两种试件在不同路径下的黏聚力和内摩擦角,如表 4-2 所示。从表 4-2 中可以看出,与常三轴试验相比,卸围压条件或者复合加卸载条件下,煤与砂岩组合体的内摩擦角增加,黏聚力降低,说明卸荷条件下含瓦斯煤岩组合体的承载强度降低。由前人的研究可知,煤岩在卸荷作用下的破坏主要表现为环向损伤扩容为主,呈现出张剪性破坏的特征,而煤岩在加载作用下主要呈现出压剪性破坏。很容易得知,煤岩发生张剪性破坏时的内聚力要比发生压剪性破坏时更低,而且通常情况下,压剪性破坏时破裂面的粗糙度相对较低,因此煤岩组合体试件在三轴加载下的 φ 值相对较低[190-191]。

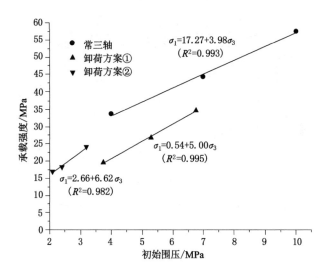

图 4-13　含瓦斯煤 Mohr-Coulomb 强度准则拟合曲线及试验值

表 4-2　含瓦斯煤与砂岩组合体三种路径下的强度参数计算结果

应力路径	b/MPa	k_b	C/MPa	φ/(°)	R^2
常三轴	17.27	3.98	4.328	36.755	0.993
卸荷方案①	0.54	5.00	0.121	41.81	0.995
卸荷方案②	2.66	6.62	0.517	47.522	0.982

4.3　讨论

4.3.1　卸荷应力路径下煤岩组合体力学特性研究的现实意义

含瓦斯煤与砂岩组合体在不同应力路径下的承载强度的关系为:常三轴>卸围压>复合加卸载,并且瓦斯对组合体的力学性质也具有较大的影响,说明在突出-冲击耦合动力灾害机理的研究中,不仅要将瓦斯、煤、岩三者结合起来整体进行研究,还要着重关注含瓦斯煤岩组合体系统所处的应力状态的变化。针对卸荷作用是否会造成煤岩体的强度降低的问题,不同的学者之间还存在着争议,S. L. Crouch[192]和 S. R. Swanson 等[193]认为卸围压等应力路径对煤岩体强度没有影响,但是大量的研究表明应力路径对煤岩强度有比较明显的影响,卸荷作用使得煤岩体强度降低[194-196]。本书的研究表明,对于含瓦斯煤与砂岩组合体来说,卸围压和复合加卸载使得组合体的承载强度降低。实际生产过程中,按照卸荷作用下,尤其是复合加卸载路径下的含瓦斯煤岩组合体的力学行为和渗流规律对突出-冲击耦合动力灾害的预测和防控进行指导具有重要的现实意义。

4.3.2 瓦斯压力对声发射相应特征的影响

本节综合第 3 章与本章的研究内容,对瓦斯压力对声发射相应特征的影响进行探讨。在游离态和吸附态的瓦斯综合作用下,煤体的力学特性和声发射特征都会发生变化,势必也会影响组合体的整体失稳过程以及声发射行为特征。从表 3-2 和表 4-1 中可以看出,声发射计数及能量随着瓦斯压力的变化并没有明显的规律,因此这里仅仅给出三种试件的累积计数和累积能量与瓦斯压力的关系图,如图 4-14 所示。

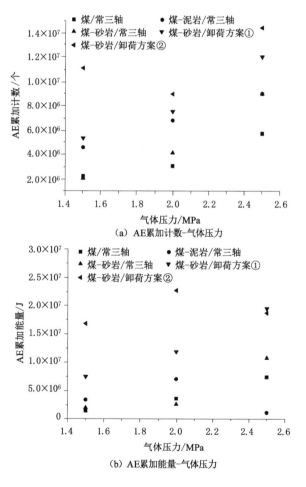

图 4-14　瓦斯压力与声发射参数关系

从图 4-14 中可以看出,除了个别离散点外,整体上三种试件在不同的应力路径下的声发射累积计数和累积能量都随着瓦斯压力的增大而增大,这是由于瓦斯压力越大,煤体吸附瓦斯越多,基质以及骨架膨胀越厉害,促使更多的孔隙及裂隙发育,试件强度降低。多种裂隙的叠加效应使得试件压缩破坏过程中损伤更多,释放的声发射信号也就更多。另一方面,压缩过程中裂隙的发育及扩展会促进瓦斯的解吸,瓦斯解吸又会促使基质收缩变形释放能量,导致声发射信号增多。

4.3.3 围压对声发射相应特征的影响

本节综合第 3 章与本章的研究内容,对初始围压对声发射相应特征的影响进行探讨。进入深部开采后,煤岩体都处于高应力状态下,所处初始围压环境的不同对于煤岩体内部变形及声发射特性具有重要的影响。图 4-15 给出了三种试件的累积计数和累积能量与初始围压的关系图。

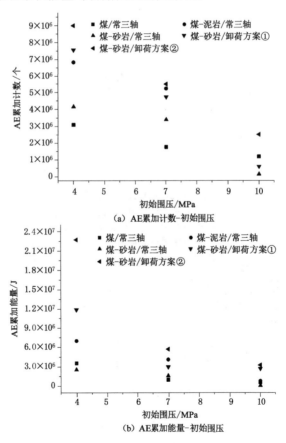

（a）AE累加计数-初始围压

（b）AE累加能量-初始围压

图 4-15　初始围压与声发射参数关系

从图中可以看出,整体上三种试件在不同的应力路径下的声发射累积计数和累积能量都随着初始围压的增大而减小,这可能是由于初始围压的增加阻碍了试件的横向变形,导致试件发生剧烈变形以及颗粒调整的过程更加缓慢与困难,且高围压使得试件发生局部脆性微结构破坏的可能性变小。

从图 4-14 和图 4-15 中还可以清楚地看到,对于含瓦斯煤岩组合体来说,在其他条件都相同的情况下,复合加卸载路径下声发射累积计数和累计能量最大,其次是卸围压,最后是常三轴。再一次说明与常三轴加载试验相比,复合加卸载条件下变形破裂程度最为强烈,破坏程度最大。

通过本章及上一章的研究可以发现,含瓦斯煤岩组合体与含瓦斯煤的力学性质、渗透特性、声发射前兆信号等方面存在较大的差异,并且应力路径对组合体的各种性质也具有重要的影响,因此要想彻底弄清突出-冲击耦合动力灾害的发生机制,以后的研究必须将煤、岩、瓦斯作为一个整体来进行研究,而且必须考虑更符合现场实际条件的应力路径下的研究。

4.4　本章小结

本章以含瓦斯煤与砂岩组合体为研究对象,采用 RLW-500G 煤岩三轴蠕变-渗流试验系统,结合声发射技术对含瓦斯煤与砂岩组合体进行了定轴压卸围压、复合加卸载两种卸荷路径下的力学试验,同步测定了卸荷过程中的渗透率和声发射信号,对比了不同瓦斯压力和不同围压下含瓦斯煤岩组合体卸荷破坏行为的差异,同时分析了含瓦斯煤岩组合体失稳破坏前兆特征,得到了以下结论和认识:

(1) 对于煤与砂岩组合体来说,卸围压和复合加卸载使得组合体的黏聚力减小,内摩擦角增大,承载强度降低。Mohr-Coulomb 强度准则仍然适用于卸荷应力路径下的含瓦斯煤岩组合体。

(2) 煤与砂岩组合体在两种卸荷方案下的峰值应变都小于常三轴。常规加载中,试件破坏点对应的环向应变与轴向应变的比例平均值在 1.4 左右,卸围压方案中,试件破坏点对应的环向应变与轴向应变的比例平均值在 1.6 左右,而复合加卸载方案中,试件破坏点对应的环向应变与轴向应变的比例平均值在 2.5 左右,并且在三种应力路径中,煤岩组合体在加卸载试验中侧向变形最大,表现出剧烈的损伤扩容特性。

(3) 本试验设计的卸围压路径下,组合体的破坏程度与常三轴相比差别不大。在复合加卸载条件下,组合体中煤体部分更易发生变形破裂,破坏程度也更为强烈,往往同时并存有轴向张性破裂面和剪性破裂面。煤岩体内裂纹的发生和扩展不仅影响着煤岩组合体的宏观应力-应变特征,还决定了其渗透率演化特征,且含瓦斯煤岩组合体内的裂纹扩展要受到瓦斯赋存条件、实际采动应力以及多重应力路径的影响。

(4) 相同条件下,含瓦斯煤与泥岩组合体、煤与砂岩组合体的声发射参数在不同的加载阶段呈现出与单体煤相似的变化规律。在较低的围压下,含瓦斯煤岩组合体的累积计数和累积能量高于单体煤。随着围压的不断增大,含瓦斯煤岩组合体的累积计数和累积能量将会逐渐低于单体煤。三种试件在不同的应力路径下的声发射累积计数和累积能量都随着围压的增大而减小,随着瓦斯压力的增大而增大。复合加卸载路径下声发射累积计数和累计能量最大,其次是卸围压,最后是常三轴。

5 含瓦斯煤岩组合体损伤及煤中瓦斯渗透演化机制

突出-冲击耦合动力灾害的发生是受载含瓦斯煤岩组合体损伤破坏及煤中瓦斯渗流综合作用的结果。受载含瓦斯煤岩组合体损伤及煤中瓦斯渗透演化机制的研究,能够为煤岩突出-冲击耦合动力灾害机理的研究及灾害防治工作提供理论依据。前文从试验角度重点研究了受载含瓦斯煤岩组合体损伤破坏特性及单煤体损伤渗透规律,因此本章从理论分析和数值模拟的角度对受载含瓦斯煤岩组合体损伤破坏机制进行分析,同时建立受载含瓦斯煤岩组合体影响下煤的渗透率模型,旨在揭示受载含瓦斯煤岩组合体损伤及煤中瓦斯渗透演化机制。

5.1 含瓦斯煤岩组合体力学破坏机制

以往对于煤岩组合体的力学行为的研究大多都集中在实验室室内试验和数值模拟上,对煤岩组合体强度特征的理论解释鲜有报道,专门针对含瓦斯煤岩组合体的力学破坏机制的理论解释还非常少见。本节中,我们将基于对含瓦斯煤岩组合体的受力分析及破坏准则的研究,得到含瓦斯煤岩组合体的力学破坏机制,并结合室内试验以及数值模拟结果对含瓦斯煤岩组合体的力学破坏和失稳机制进行验证。

5.1.1 含瓦斯煤岩组合体受力分析

针对典型的煤系地层,煤岩之间都存在着黏聚力,不存在完全没有黏聚力的煤岩组合结构,因此本节的分析基于含瓦斯煤与顶板岩石之间存在黏聚力这一条件[197-198]。根据岩石力学理论,接触面的存在对煤岩组合体的力学行为具有非常重要的影响,因此,含瓦斯煤岩组合体受力分析的核心是弄清接触面处煤岩的受力情况。同时,与砂岩或者泥岩相比,煤体对瓦斯的吸附会使得煤体产生膨胀变形,而我们知道,应力状态的改变也会使得煤体发生变形,这种变形和吸附瓦斯引起的膨胀变形会相互作用,共同影响着含瓦斯煤岩组合体的破坏形式和破坏机制。

5.1.1.1 远离接触面处煤体和岩体受力分析

假设煤体和岩体均为均质各向同性材料,在力学加载过程中,煤岩组合体在失稳破坏之前一直是一个整体结构。煤与岩石会受到三个不同方向上外力 σ_1、σ_2、σ_3 的压缩作用,如图 5-1 所示,同时煤体还会受到瓦斯压力 p 的作用,煤体吸附瓦斯后还会产生膨胀变形(假设岩体基本不吸附瓦斯)。

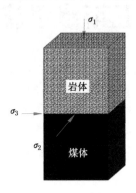

图 5-1　含瓦斯煤岩组合体所受三个方向主应力示意

针对远离接触面处的煤体或岩体,在力学变形过程中,煤体和岩体之间没有互相的限制,互相不影响,仍然为各自通常情况下的受力特征,且远离接触面处的煤体或岩体具有类似的受力特征,即双方在不同方向上的受力为该方向上的有效应力,这里可以用式(5-1)来表示远离接触面处的煤体或岩体的受力。

$$\begin{cases} \sigma_{1r} = \sigma_{1c} = \sigma_1 - p \\ \sigma_{2r} = \sigma_{2c} = \sigma_2 - p \\ \sigma_{3r} = \sigma_{3c} = \sigma_3 - p \end{cases} \tag{5-1}$$

式中,下标 r 代表岩体部分,下标 c 代表煤体部分。

5.1.1.2 接触面处煤体和岩体受力分析

煤岩组合体整体及接触面处的受力情况如图 5-2 所示。对于煤和岩石组成的组合体来讲,煤体和岩体分别在接触面处所受的垂直应力与远离接触面处所受的垂直应力相等,都等于垂直应力减去瓦斯压力,因此煤体和岩体轴向应变相互之间并不影响。而煤体和岩体分别在接触面处所受的水平应力与远离接触面处所受的水平应力并不相等,除了水平应力减去瓦斯压力外,还需要考虑煤体和岩体在接触面互相产生的方向相反的附加应力。根据前人的研究,接触面处煤体和岩体部分产生的不协调变形引起了附加应力的出现。对于岩体这种几乎不吸附瓦斯的材料来说,外部应力和孔隙压力会对附加应力的大小产生影响。对于煤体这种强吸附瓦斯的材料来说,除了外部应力和孔隙压力外,煤体吸附瓦斯后产生的膨胀变形也会对附加应力的大小产生影响。

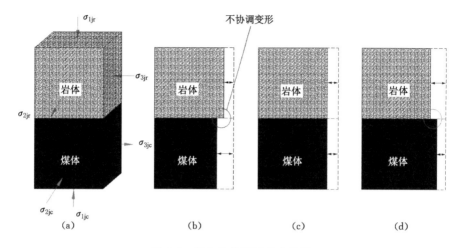

图 5-2　组合体接触面受力分析

　　理论上,在不同的外部应力加载情况下,接触面处煤体和岩体部分产生的不协调变形方向会大不相同,因此会导致接触面处的附加应力的方向不尽相同。因此,我们需要分析组合体接触面在不同条件下的附加应力可能出现的情况,其中,附加应力方向的确定是我们全面地理解含瓦斯煤岩组合体破坏机制的基础。不管受力情况多么复杂,从原理上来看,煤岩组合体中煤体部分和岩体部分在水平方向的不协调变形无非有 3 种情况。第一种情况:外部应力作用在煤岩组合体后,岩体部分在水平方向上的变形小于煤体部分,即煤体向内收缩程度大于岩体,宏观上看相当于岩体相对煤体向外膨胀,则煤体部分对岩体部分在水平方向的作用类似于摩擦力指向岩石内部,使得岩石受力压缩。而对于煤体来说,宏观上看相当于煤体相对岩体向内膨胀,则岩体部分对煤体部分在水平方向的作用也类似于摩擦力指向煤体外部,使得煤体受力进行拉伸,如图 5-2(b)所示。第二种情况:外部应力作用在煤岩组合体后,岩体部分在水平方向上的变形与煤体部分相同,此时可以认为附加应力为 0,如图 5-2(c)所示。第三种情况:外部应力作用在煤岩组合体后,岩体部分在水平方向上的变形大于煤体部分,即煤体向内收缩程度小于岩体,宏观上看相当于煤体相对岩体向外膨胀,则岩体部分对煤体部分的作用力指向煤体内部,使得煤体受力压缩。而对于岩体来说,宏观上看相当于岩体相对煤体向内收缩,则煤体部分对岩体部分在水平方向的作用力指向岩体外部,使得岩体受力进行拉伸,如图 5-2(d)所示。

　　以图 5-2(b)中含瓦斯煤岩组合体中煤体和岩体接触面处的受力状态为例

进行分析。上文已经指出,这种变形情况下,煤体和岩体之间的附加应力使得岩石受力压缩,煤体受力进行拉伸。同时,由于岩体和煤体宏观上还是一个整体,相互之间紧密结合及相互制约,因此,宏观上看,煤体和岩体在水平方向上的变形量是一样的[198-199]。则根据变形连续条件和静力学平衡条件,可以分别得出岩体和煤体的受力情况如式(5-2)～式(5-4)所示:

$$\begin{cases} \sigma_{1jr} = \sigma_1 - p \\ \sigma_{2jr} = \sigma_2 - p + \Delta_2 \\ \sigma_{3jr} = \sigma_3 - p + \Delta_3 \end{cases} \tag{5-2}$$

$$\begin{cases} \sigma_{1jc} = \sigma_1 - p \\ \sigma_{2jc} = \sigma_2 - p - \Delta_2 \\ \sigma_{3jc} = \sigma_3 - p - \Delta_3 \end{cases} \tag{5-3}$$

$$\begin{cases} \varepsilon_{2jr} = \varepsilon_{2jc} \\ \varepsilon_{3jr} = \varepsilon_{3jc} \end{cases} \tag{5-4}$$

根据含瓦斯煤岩组合体三向应力下的应力-应变关系,同时假设压缩用正值表示,可得含瓦斯煤岩组合体中岩体与煤体部分在两个水平方向上的本构关系分别如式(5-5)和式(5-6)所示:

$$\begin{cases} \varepsilon_{2jr} = \dfrac{1}{E_r} \big[\sigma_{2jr} - v(\sigma_{1jr} + \sigma_{3jr}) \big] \\ \varepsilon_{3jr} = \dfrac{1}{E_r} \big[\sigma_{3jr} - v(\sigma_{1jr} + \sigma_{2jr}) \big] \end{cases} \tag{5-5}$$

$$\begin{cases} \varepsilon_{2jc} = \dfrac{1}{E_c} \big[\sigma_{2jc} - v(\sigma_{1jc} + \sigma_{3jc}) \big] - \varepsilon_{cl}^s \\ \varepsilon_{3jc} = \dfrac{1}{E_c} \big[\sigma_{3jc} - v(\sigma_{1jc} + \sigma_{2jc}) \big] - \varepsilon_{cl}^s \end{cases} \tag{5-6}$$

大量的研究表明,煤吸附一定压力的瓦斯气体后会发生膨胀变形,且吸附应变和瓦斯压力呈现出类 Langmuir 形式的关系,在煤体为各向同性的前提下,煤的吸附线应变可用式(5-7)来表示[200]:

$$\varepsilon_{cl}^s = \frac{1}{3} \frac{\varepsilon_{cbmax}^s p}{p + p_{c\varepsilon}} \tag{5-7}$$

联立方程(5-2)至(5-7),我们得到含瓦斯煤岩组合体中煤体和岩体接触面处在两个水平方向上的附加应力的表达式,如下式:

$$\Delta_2 = h_1(\sigma_1 - p) + h_3(\sigma_2 - p) + h_2(\sigma_3 - p) + h_4 \tag{5-8}$$

$$\Delta_3 = h_1(\sigma_1 - p) + h_2(\sigma_2 - p) + h_3(\sigma_3 - p) + h_4 \tag{5-9}$$

$$h_1 = \frac{E_c v_r - E_r v_c}{E_r(1 - v_c) + E_c(1 - v_r)} \tag{5-10}$$

$$h_2 = \frac{2E_c E_r (v_r - v_c)}{(E_r + E_c)^2 - (E_r v_c + E_c v_r)^2} \tag{5-11}$$

$$h_3 = \frac{E_r^2 (1 - v_c^2) - E_c^2 (1 - v_r^2)}{(E_r + E_c)^2 - (E_r v_c + E_c v_r)^2} \tag{5-12}$$

$$h_4 = -\frac{1}{3} \frac{E_c E_r}{E_r (1 - v_c) + E_c (1 - v_r)} \left(\frac{\varepsilon_{cbmax}^s \, p}{p + p_{ce}} \right) \tag{5-13}$$

以上各式中,下标 j 表示接触面,ε_{cl}^s 为吸附引起的线应变,ε_{cbmax}^s 为吸附引起的极限体积应变,p_{ce} 为煤基质吸附变形压力,$h_1 \sim h_4$ 为参数值。

由上述式子可以看出,煤体和岩体各自接触面处在水平方向上附加应力都可以用类似的形式来表示,并且都会受到材料的力学参数、瓦斯气体压力(孔隙压力)和外力的影响。需要注意的是,尽管煤体对瓦斯有吸附的作用,而岩体对瓦斯几乎没有吸附的作用,但是根据参数 h_4 可以看出,煤吸附瓦斯也会对接触的岩体的变形情况产生一定的影响,因此煤体和岩体之间是互相作用、互相联系的。这恰恰是本书把煤岩组合体这种特殊的、并对煤岩瓦斯复合动力灾害发生起着至关重要作用的试件作为研究对象的意义所在。同理,我们可以得出,含瓦斯煤岩组合体在图 5-2(c)和图 5-2(d)所示的这两种情况下的受力分析结果与式(5-8)和式(5-9)类似,本书不再赘述。

5.1.2 含瓦斯煤岩组合体的损伤破坏机制分析

5.1.2.1 破坏准则

前述章节中,我们已经得到,莫尔-库仑准则不仅适用于含瓦斯单体煤与岩石的破坏行为,而且也适用于含瓦斯煤岩组合体的破坏行为。但是,为了进一步弄清煤岩组合体的破坏机制与形式,需要我们搞清楚接触面处的煤体和岩体的力学状态的不同,进一步加深对含瓦斯煤岩组合体破坏机制的理解。因此本节我们仍然采用莫尔-库仑准则对含瓦斯煤岩组合体中煤体和岩体部分的损伤破坏进行研究。对于岩石来说,瓦斯压力对岩石的力学行为的影响基本只存在孔隙压力对岩体骨架所产生的力学作用,而对于煤体来说,瓦斯压力的影响除了孔隙压力带来的力学作用外,吸附瓦斯后煤体膨胀变形还会使得煤体产生软化作用。

若只考虑瓦斯压力对煤岩骨架产生的力学作用,假设 σ_3 表示最小主应力,则远离接触面处的岩体和煤体莫尔-库仑强度准则可以用下式表示[200]:

$$\sigma_1 - p = \frac{1 + \sin \varphi}{1 - \sin \varphi}(\sigma_3 - p) + \frac{2C \cos \varphi}{1 - \sin \varphi} \tag{5-14}$$

简化上式可得,

$$\sigma_1 = \frac{1 + \sin\varphi}{1 - \sin\varphi}\sigma_3 + \frac{2C\cos\varphi}{1 - \sin\varphi} - \frac{2\sin\varphi}{1 - \sin\varphi}p \qquad (5\text{-}15)$$

由上式可以看出 $\dfrac{-2\sin\varphi}{1 - \sin\varphi}p$ 为瓦斯压力对煤岩骨架产生的力学作用,与远离接触面处的岩体和煤体不同的是,接触面处的煤岩体中存在着附加应力,因此,结合式(5-2)和式(5-3),接触面处的岩体和煤体莫尔-库仑强度准则可以分别用式(5-16)和式(5-17)表示:

$$\sigma_1 = \frac{1 + \sin\varphi}{1 - \sin\varphi}(\sigma_3 + \Delta_3) + \frac{2C\cos\varphi}{1 - \sin\varphi} - \frac{2\sin\varphi}{1 - \sin\varphi}p \qquad (5\text{-}16)$$

$$\sigma_1 = \frac{1 + \sin\varphi}{1 - \sin\varphi}(\sigma_3 - \Delta_3) + \frac{2C\cos\varphi}{1 - \sin\varphi} - \frac{2\sin\varphi}{1 - \sin\varphi}p \qquad (5\text{-}17)$$

由于吸附瓦斯对煤体力学性质的定量研究并不完善,对吸附瓦斯非力学作用的公式推导具有较大的难度,因此,对于煤体来说,在本书中为了适当进行简化,我们将吸附瓦斯非力学作用定义为 σ_{ad}。若同时考虑瓦斯压力对岩体骨架产生的力学作用和吸附瓦斯还会对煤体产生的软化作用,远离接触面处的煤体莫尔-库仑强度准则可以用下式表示:

$$\sigma_1 = \frac{1 + \sin\varphi}{1 - \sin\varphi}(\sigma_3 - \Delta_3) + \frac{2C\cos\varphi}{1 - \sin\varphi} - \frac{2\sin\varphi}{1 - \sin\varphi}p - \sigma_{ad} \qquad (5\text{-}18)$$

总体上看,无论接触面处还是远离接触面处的岩体和煤体,都可以用莫尔-库仑强度准则来表征其破坏准则,并且根据前文的研究,莫尔-库仑强度准则也可用来表征含瓦斯煤岩组合体的破坏特征。对比式(5-15)和式(5-18)发现,在瓦斯压力以及接触面的综合影响下,含瓦斯煤岩组合体的损伤破坏异常复杂,要彻底弄清含瓦斯煤岩组合体的损伤破坏准则未来还需要大量的有针对性的研究。

5.1.2.2 含瓦斯煤岩组合体的损伤破坏模式探讨

通过前文的研究可知,含瓦斯煤岩组合体的损伤破坏与接触面处煤岩体的受力情况密切相关,因此,从接触面力学的角度对含瓦斯煤岩组合体的损伤破坏模式进行探讨是一个行之有效的办法。在含瓦斯煤岩组合体变形破坏过程中,煤体和岩体部分在水平方向会产生不协调变形量,从而会在各自的界面处产生附加应力的作用,这是含瓦斯煤岩组合体的损伤破坏异常复杂的根本原因。因此,结合前人的研究成果[197,201],可以利用岩石和煤体之间的不协调变形量的关系来分析组合体的破坏行为。这里,不协调变形量为含瓦斯煤与岩石在组合体环向的变形差。经过整理,可以得到不协调变形量为:

$$\Delta = \frac{\left[\sigma_3 - p - v_c(\sigma_1 - p + \sigma_2 - p)\right]}{E_c} - \frac{\left[\sigma_3 - p - v_r(\sigma_1 - p + \sigma_2 - p)\right]}{E_r} - \frac{1}{3}\frac{\varepsilon_{cbmax}^s p}{p + p_{ce}}$$

$$(5\text{-}19)$$

根据图 5-2(b)～(d)以及式(5-19),我们可以得出:当 $\Delta>0$ 时,属于第一种情况,即岩体部分在水平方向上的变形小于煤体部分,岩石受力压缩,煤体受力拉伸,如图 5-2(b)所示;当 $\Delta=0$ 时,属于第二种情况,即岩体部分在水平方向上的变形与煤体部分相同,此时可以认为附加应力为 0,如图 5-2(c)所示;当 $\Delta<0$ 时,属于第三种情况,即岩体部分在水平方向上的变形大于煤体部分,岩石受力拉伸,煤体受力压缩,如图 5-2(d)所示。

通过前文的试验研究可知,煤岩的受力情况对煤岩的抗压强度有着很大的影响,且有效围压越大,煤岩的强度越大。煤岩组合体在变形破坏过程中,接触面的存在使得煤体和岩体接触面处的受力情况发生变化,导致煤体和岩体接触面处抗压强度会受到水平附加应力的影响。将远离接触面处含瓦斯岩体和煤体有效抗压强度分别表示为 σ_r 和 σ_c,同时,将接触面处含瓦斯岩体和煤体有效抗压强度分别表示为 σ_{jr} 和 σ_{jc}。需要说明的是,通常情况下的岩体强度大于煤体强度。

当 $\Delta>0$ 时,属于第一种情况,即岩体部分在水平方向上的变形小于煤体部分,岩石受力压缩,煤体受力拉伸,则岩石在接触面处的抗压强度变大,煤体在接触面处的抗压强度变小。综合得到,接触面处和远离接触面处的煤体和岩体的强度关系为 $\sigma_{jc}<\sigma_c<\sigma_r<\sigma_{jr}$。这种情况下,煤岩组合体在力学破坏过程中,理论上接触面处的煤体先发生破坏,接着远离接触面处的煤体发生破坏,最终整个煤体发生破坏,由于接触面处岩体的强度变大,因此破坏较难继续发展到岩体部分。

当 $\Delta=0$ 时,属于第二种情况,岩体部分在水平方向上的变形与煤体部分相同,接触面处和远离接触面处的煤体和岩体的强度关系为 $\sigma_{jc}=\sigma_c<\sigma_r=\sigma_{jr}$,在这种强度关系下,煤岩组合体在力学破坏过程中,由于煤体的强度低于岩体的强度,煤体先发生破坏,破坏较难继续发展到岩体部分,最终表现为煤岩组合体的整体失稳破坏。

当 $\Delta<0$ 时,属于第三种情况,即岩体部分在水平方向上的变形大于煤体部分,岩体受力拉伸,煤体受力压缩,则岩体在接触面处的抗压强度变小,即 $\sigma_{jr}<\sigma_r$,煤体在接触面处的抗压强度变大,即 $\sigma_c<\sigma_{jc}$。而对于煤体和岩体之间强度的关系相对复杂一些,可以分为五类,解释如下:

(1) 第一类:煤岩组合体在变形过程中,接触面处煤体的抗压强度增大,接触面处的岩体抗压强度减小,且 $\sigma_{jc}<\sigma_{jr}$,则综合得到接触面处和远离接触面处的煤体和岩体的强度关系为 $\sigma_c<\sigma_{jc}<\sigma_{jr}<\sigma_r$。在这种情况下,煤岩组合体在力学破坏过程中,远离接触面处的煤体先发生破坏,接着接触面处的煤体发生破坏,最终整个煤体发生失稳破坏,一些情况下破坏会发展到接触面的岩体部分,但是

大多数情况下破坏较难继续发展到岩体部分。

(2) 第二类:煤岩组合体在变形过程中,接触面处煤体的抗压强度增大幅度较大,接触面处岩体的抗压强度减小幅度也较大,以至于达到 $\sigma_{jr}<\sigma_{jc}$,则综合得到接触面处和远离接触面处的煤体和岩体的强度关系为 $\sigma_c<\sigma_{jr}<\sigma_{jc}<\sigma_r$。这种情况下,煤岩组合体在力学破坏过程中,理论上远离接触面的煤体先发生破坏,接着接触面处的岩体发生破坏,随后破坏进一步向接触面处的煤体发展,最终整个煤体发生破坏,同时岩体接触面也发生少量破坏。

在理论上来说,当煤岩组合体在变形过程中,接触面处煤体的抗压强度增大到一定程度,同时岩体在接触面处的抗压强度减小到一定程度,接触面处和远离接触面处的煤体和岩体的强度关系还会出现以下第三类至第五类情况,即 $\sigma_{jr}<\sigma_c<\sigma_{jc}<\sigma_r$,$\sigma_c<\sigma_{jr}<\sigma_r<\sigma_{jc}$,$\sigma_{jr}<\sigma_c<\sigma_r<\sigma_{jc}$。但是在实际采矿过程中,由于岩体的抗压强度远大于煤体,因此可以推断出,第一类和第二类破坏形式应该是主要的破坏形式,随着轴压的增加,接触面处岩体的抗压强度减小但仍大于远离接触面的煤体抗压强度,接触面处煤体的抗压强度增加但仍小于远离接触面的岩体抗压强度。基本不会出现第三类至第五类破坏形式,即随着轴压的增加,岩体接触面的抗压强度减小且小于远离接触面的煤体的抗压强度,接触面煤体的抗压强度增加且大于远离接触面岩体的抗压强度,达到这三类抗压强度关系要求的轴压会大很多,未到达这么大的轴压时,组合体就已经发生了破坏。

在实际采矿过程中,对于煤层与顶板组成的组合体或者煤层与底板组成的组合体而言,在加载过程中不会出现当不协调变形量大于 0($\Delta>0$)或者等于 0($\Delta=0$)的情况。因此综上分析可以发现,含瓦斯煤岩组合体的理论破坏形式以煤体破坏为主,部分情况下才会引发岩石的局部破坏,这与本书的试验研究的结果一致。可以推断的是,随着围压的增大或瓦斯压力的减小,岩体部分和煤体部分的强度差变大,导致岩体部分更难破坏,这与前文的试验结果是一致的。另外需要说明的一点是,本书对含瓦斯煤岩组合体的损伤破坏模式探讨是在假设煤岩体没有局部缺陷的前提下讨论的,这个假设使得接触面处的相互约束作用更加明显,如果考虑煤岩体中的局部缺陷,其存在会使得煤体破坏更容易发生。

5.1.3 含瓦斯煤岩组合体的损伤破坏数值模拟

为了加深对含瓦斯煤岩组合体力学破坏机制的认识,利用 Comsol 软件中的固体力学模块对常三轴条件下煤与砂岩组合体破坏失稳进行了数值模拟。由于本书试验研究中,常三轴试验中围压为 4 MPa、瓦斯压力分别为 1.5 MPa 和 2 MPa 下的煤体和岩体均发生了明显的破坏,因此本次数值模拟选取这两组条件下的煤岩组合体破坏进行模拟,结合试验结果和数值模拟结果,对上述所分析的含瓦斯煤岩组合体力学破坏机制进行验证。

如图 5-3 所示建立简化的三维几何模型和边界条件。整个模型由两个高度为 50 mm，半径为 25 mm 的圆柱体组合而成，组合成的模型高度为 100 mm，直径为 50 mm，模型的尺寸与本书实际试验样品尺寸保持一致。模型下边界固定 z 方向位移为 0；模型两端边界固定 r 方向位移为 0；模型垂向边界和环向边界为荷载边界。这里，将瓦斯吸附作用类比成热膨胀效应。数值模拟需要的基础力学参数如表 5-1 所示。

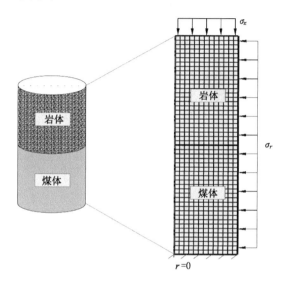

图 5-3 数值模拟几何模型及边界条件

表 5-1 煤岩组合体破坏基础力学参数

参数名称	煤	岩
体密度/(kg·m^{-3})	1 400	2 720
弹性模量/GPa	1.305	26.537
泊松比	0.41	0.22
内聚力/MPa	2.28	3.29
内摩擦角/(°)	42.32	34.65
初始孔隙率	0.085	0.029
单轴抗压强度/MPa	6.38	81.9
波速/(m·s^{-1})	1 570	3 154

图 5-4 和图 5-5 分别表示围压 4 MPa、气压 1.5 MPa 和围压 4 MPa、气压 2 MPa 条件下的应力-应变曲线以及各个阶段的煤岩组合体的塑性破坏情况。

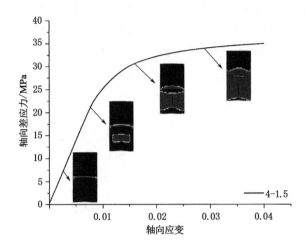

图 5-4　煤岩组合体在围压 4 MPa、气压 1.5 MPa 下的应力-应变曲线及塑性破坏情况

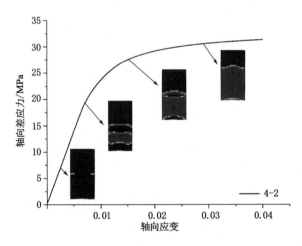

图 5-5　煤岩组合体在围压 4 MPa、气压 2 MPa 下的应力-应变曲线及塑性破坏情况

从图中可以看出,两种情况下煤岩组合体在初始加载阶段都会在接触面处出现一个小范围的塑性破坏,这可能是由于对于煤体和岩体这两个强度差别非常大的材料来说,由于接触面处两者性质差别太大,在组合体初始加载阶段,煤体和岩体在接触面会经历一个相互适应的过程,而这个过程可能会由于巨大的强度差而产生小范围的塑性破坏,但煤岩组合结构仍然稳定的处于弹性段中。

随着加载的进行,两种情况下煤岩组合体接触面以外的煤体开始出现塑性破坏,之后接触面处的煤体开始大范围出现塑性破坏。在这个过程中,尽管岩体接触面也出现了少量塑性破坏,但是整体上煤体部分的塑性破坏占绝对的优势。随着加载的继续进行,煤体部分完全破坏,同时接触面处的岩体也发生了较为明显的塑性破坏,此时煤岩组合体整体失稳破坏。数值模拟结果与前述 $\Delta < 0$ 时的第一种破坏形式的分析是基本一致的,并且与前文试验结果中的最终破坏形式一致,这可以说明本书对含瓦斯煤岩组合体力学破坏机制的分析是合理的。

5.2　含瓦斯煤岩组合体影响下煤的渗透率演化模型

含瓦煤岩组合体影响下煤的渗透率模型的研究,对于全面揭示含瓦斯煤岩组合体损伤及其煤中渗透耦合演化机制,弄清突出-冲击耦合动力灾害发生机制具有重要的意义。本节首先介绍了含瓦斯煤在变形破坏过程中的渗透率模型,并利用前文的试验数据进行了验证。同时,根据上述对组合体的受力分析,综合得出了含瓦斯煤岩组合体影响下煤的渗透率模型,并利用前文的试验数据进行了验证。

5.2.1　含瓦斯煤渗透率演化模型

针对含瓦斯煤渗透率演化模型,国内外学者大多关注弹性阶段的渗透率演化,实际对煤岩体在变形破坏过程中的渗透率演化模型的研究应该综合考虑弹性阶段以及塑性破坏过程中的渗透率变化。针对全应力-应变过程中的含瓦斯煤渗透率演化模型,中国矿业大学程远平团队已经进行了大量的研究,基本确定了含瓦斯煤渗透率演化的分段模型[112,200-202]。由于本书的研究重点是含瓦斯煤岩组合体影响下煤的渗透率演化模型,因此这里简单介绍全应力-应变过程中的含瓦斯单体煤渗透率演化模型。

5.2.1.1　含瓦斯煤体在弹性阶段的渗透率模型

煤体的渗透率受控于孔隙率的大小,孔隙率与煤中的裂隙体积应变和煤体体积应变直接相关,而裂隙体积应变和煤体体积应变是受有效应力的作用和吸附膨胀的作用影响的,因此,受有效应力作用影响下的煤体体积应变和裂隙体积应变分别如式(5-20)和式(5-21)所示(压缩为正)[203]:

$$\mathrm{d}\varepsilon_{\mathrm{c}}^{\mathrm{e}} = -\frac{\mathrm{d}V_{\mathrm{c}}^{\mathrm{e}}}{V_{\mathrm{c}}} = \frac{1}{K}(\mathrm{d}\bar{\sigma} - \alpha\mathrm{d}p) = \frac{1}{K}\mathrm{d}\bar{\sigma} - \left(\frac{1}{K} - \frac{1}{K_{\mathrm{m}}}\right)\mathrm{d}p \tag{5-20}$$

$$\mathrm{d}\varepsilon_{\mathrm{f}}^{\mathrm{e}} = -\frac{\mathrm{d}V_{\mathrm{f}}^{\mathrm{e}}}{V_{\mathrm{f}}} = \frac{1}{K_{\mathrm{f}}}(\mathrm{d}\bar{\sigma} - \beta\mathrm{d}p) = \frac{1}{K_{\mathrm{f}}}\mathrm{d}\bar{\sigma} - \left(\frac{1}{K_{\mathrm{f}}} - \frac{1}{K_{\mathrm{m}}}\right)\mathrm{d}p \tag{5-21}$$

式中　ε_c^e——有效应力引起的煤体体积应变；

　　　ε_f^e——有效应力引起的煤体裂隙体积应变；

　　　V_c^e——有效应力引起的煤体体积改变量；

　　　V_f^e——有效应力引起的裂隙体积改变量；

　　　V_c——煤体的原始体积；

　　　V_f——煤中裂隙原始体积；

　　　$\bar{\sigma}$——平均有效应力；

　　　α——Biot 数；

　　　β——裂隙有效应力系数；

　　　K——煤体的体积模量；

　　　K_m——煤中基质的体积模量；

　　　K_f——煤中裂隙的体积模量；

其中，$\alpha = 1 - K/K_m$，$\beta = 1 - K_f/K_m$。

假设 K_m 远大于 K_f，则容易得到以下关系式：

$$d\varepsilon_c^e - d\varepsilon_f^e = -\frac{1}{K_f}(d\bar{\sigma} - dp) \tag{5-22}$$

由于裂隙率 $\phi_f \ll 1$，同理可以得到吸附膨胀影响下的煤的体积变形和裂隙体积变形如下：

$$d\varepsilon_c^s - d\varepsilon_f^s = -\frac{f_m}{\phi_f}d\varepsilon_m^s \tag{5-23}$$

用受有效应力作用和吸附膨胀作用影响下的煤的体积应变和裂隙应变的关系来表示的裂隙率变化如下[204]：

$$\frac{\phi_f}{\phi_{f0}} = \exp\left[\left(\int_{\varepsilon_{c0}}^{\varepsilon_c} d\varepsilon_c^e - \int_{\varepsilon_{f0}}^{\varepsilon_f} d\varepsilon_f^e\right) + \left(\int_{\varepsilon_{c0}}^{\varepsilon_c} d\varepsilon_c^s - \int_{\varepsilon_{f0}}^{\varepsilon_f} d\varepsilon_f^s\right)\right] \tag{5-24}$$

假设 Biot 数约为 1，由 Betti-Maxwell 互等定理可得[205]，$K_f = \phi_f K$，则上式可以简化为：

$$\frac{\phi_f}{\phi_{f0}} = \exp\left[-\frac{1}{K_f}(\Delta\bar{\sigma} - \Delta p + f_m K\Delta\varepsilon_m^s)\right] \tag{5-25}$$

前人大量的研究表明，渗透率和裂隙率之间存在传统的立方关系，即[100,103]：

$$\frac{k}{k_0} = \left(\frac{\phi_f}{\phi_{f0}}\right)^3 \tag{5-26}$$

则将 $K = E/3(1-2v)$ 和 $C_f = 1/K_f$，以及式（5-21）和式（5-24）代入式（5-26）中可得：

$$\frac{k}{k_0} = \exp\left\{-3C_f\left[(\bar{\sigma} - \bar{\sigma}_0) - (p - p_0) + f_m\frac{E}{3(1-2v)}\frac{\varepsilon_{max}^s p_\varepsilon(p - p_0)}{(p + p_\varepsilon)(p_0 + p_\varepsilon)}\right]\right\}$$

(5-27)

上式即为含瓦斯煤体在弹性段的渗透率演化方程。

5.2.1.2 含瓦斯煤体在塑性破坏过程中的渗透率演化模型

本节拟从应力角度对含瓦斯煤体在塑性破坏过程中的渗透率模型进行分析,根据前人大量的研究可知,含瓦斯煤在全应力-应变过程中的渗透率演化可以简化为图 5-6。从图中可以看出,含瓦斯煤在全应力-应变过程中的渗透率可以分为三个阶段:第一阶段是应力-应变的弹性阶段,渗透率随着应力的增大呈指数下降趋势;第二阶段是应力-应变屈服段到峰后破坏阶段,渗透率随着应力的增大呈线性急剧增长的趋势;第三阶段是应力-应变残余强度阶段,渗透率几乎不发生大的改变,基本处于稳定状态。

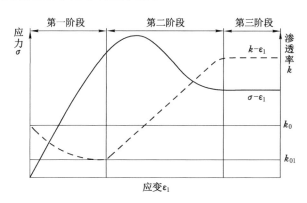

图 5-6 含瓦斯煤岩全应力-应变过程中渗透率分段演化规律[200]

根据上述分析,含瓦斯煤在全应力-应变过程中的渗透率演化呈现三阶段特征。在第一阶段,可以用弹性段的渗透率模型来表示,如式(5-27)所示。
第二阶段,根据前人的研究可知,此阶段可以用弹塑性应变软化模型描述煤体的变形破坏特性,渗透率的增长和塑性变形程度可以近似看作线性关系[112,200,206],则此阶段的渗透率演化可以由下式表示:

$$\frac{k}{k_0} = \left(1 + \frac{\gamma_p}{\gamma_p^*}\cdot\xi\right)\exp\left\{-3C_f\left[(\bar{\sigma} - \bar{\sigma}_0) - (p - p_0) + f_m\frac{E}{3(1-2v)}\frac{\varepsilon_{max}^s p_\varepsilon(p - p_0)}{(p + p_\varepsilon)(p_0 + p_\varepsilon)}\right]\right\}$$

(5-28)

式中　ξ——煤岩渗透率骤增系数;

　　　γ_p^*——煤岩体处于残余强度阶段时的初始等效塑性剪切应变;

　　　γ_p——等效塑性应变。

第三阶段,由于此阶段渗透率相对比较稳定,因此可由下式表示:

$$\frac{k}{k_0} = \left\{ (1+\xi)\exp\left\{ -3C_f\left[(\bar{\sigma}-\bar{\sigma}_0)-(p-p_0)+f_m\frac{E}{3(1-2v)}\frac{\varepsilon_{max}^s p_\varepsilon(p-p_0)}{(p+p_\varepsilon)(p_0+p_\varepsilon)} \right] \right\} \right\}$$

$$(5-29)$$

综上所述,含瓦斯煤在全应力-应变过程中的渗透率演化可以用下面三个式子表示:

$$k = \begin{cases} k_0\exp\left\{ -3C_f\left[(\bar{\sigma}-\bar{\sigma}_0)-(p-p_0)+f_m\frac{E}{3(1-2v)}\frac{\varepsilon_{max}^s p_\varepsilon(p-p_0)}{(p+p_\varepsilon)(p_0+p_\varepsilon)} \right] \right\} & \gamma_p=0 \\ \left(1+\frac{\gamma_p}{\gamma_p^*}\cdot\xi\right)k_0\exp\left\{ -3C_f\left[(\bar{\sigma}-\bar{\sigma}_0)-(p-p_0)+f_m\frac{E}{3(1-2v)}\frac{\varepsilon_{max}^s p_\varepsilon(p-p_0)}{(p+p_\varepsilon)(p_0+p_\varepsilon)} \right] \right\} & 0<\gamma_p<\gamma_p^* \\ (1+\xi)k_0\exp\left\{ -3C_f\left[(\bar{\sigma}-\bar{\sigma}_0)-(p-p_0)+f_m\frac{E}{3(1-2v)}\frac{\varepsilon_{max}^s p_\varepsilon(p-p_0)}{(p+p_\varepsilon)(p_0+p_\varepsilon)} \right] \right\} & \gamma_p\geqslant\gamma_p^* \end{cases}$$

$$(5-30)$$

5.2.1.3 模型验证

尽管很多学者对上述类型的渗透率模型进行了验证[112,200,206],为了下文含瓦斯煤岩组合体影响下煤的渗透率演化模型有着可靠的理论基础,本节拟采用本书的试验数据对模型进行验证,进一步证明上述模型的合理性。本书拟选取围压 4 MPa、瓦斯压力 2 MPa 下的全应力-应变过程中渗透率数据对模型进行验证。进行模型验证时需要获得裂隙压缩系数、初始等效塑性剪切应变和煤岩体渗透率骤增系数。其中,裂隙压缩系数根据弹性段的渗透率试验数据获得,初始等效塑性剪切应变的计算根据应力-应变曲线获得,渗透率骤增系数由应力峰值处的渗透率与初始渗透率的关系获得,因此计算得到含瓦斯煤 CO_2 裂隙压缩系数为 0.188 7,塑性流动初始等效塑性应变为 0.012 19,渗透率骤增系数为 89。最终,将模型预测的应变和渗透率关系的变化数据与试验获得的数据进行对比,对比结果如图 5-7 所示。

从图 5-7 中可以看出,模型预测结果与试验实测结果具有较好的一致性,由于全应力-应变过程中煤体渗透率变化异常复杂,因此虽然模型不能完全拟合试验数据,但是模型仍然具有较强的可靠性。

5.2.2 含瓦斯煤岩组合体中煤的渗透率演化模型

5.2.2.1 煤岩组合体影响下全应力-应变过程中的煤的渗透率演化模型

对于煤岩体而言,煤中渗透率会受到煤岩接触面附加应力的作用。由于突出-冲击耦合动力灾害发生时,煤岩组合体经历了在环向方向卸载、在轴向方向加载的力学过程,因此煤在环向方向的膨胀大于岩石,则接触面处煤体的受力如

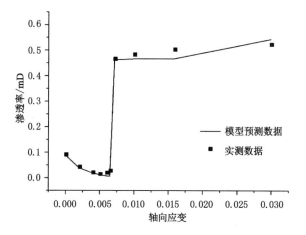

图 5-7　含瓦斯煤全应力-应变过程中渗透率演化模型验证结果

图 5-2(d)所示,表达式如下:

$$\begin{cases} \sigma_{1jc} = \sigma_1 - p \\ \sigma_{2jc} = \sigma_2 - p + \Delta_2 \\ \sigma_{3jc} = \sigma_3 - p + \Delta_3 \end{cases} \tag{5-31}$$

根据本章推导的附加应力公式,考虑到附加应力对煤体的力学作用,将附加应力公式代入式(5-27)中,整理可得,煤岩组合体影响下煤中瓦斯渗透率模型在弹性段的表达式为:

$$\frac{k}{k_0} = \exp\left\{-3C_f\left[\frac{-2h_1+1}{3}(\bar{\sigma}-\bar{\sigma}_0) - (p-p_0) + f_m\frac{E}{3(1-2v)}\frac{\varepsilon_{\max}^s p_\varepsilon(p-p_0)}{(p+p_\varepsilon)(p_0+p_\varepsilon)}\right]\right\} \tag{5-32}$$

$$h_1 = \frac{E_c v_r - E_r v_c}{E_r(1-v_c) + E_c(1-v_r)} \tag{5-33}$$

再根据上一节得出的含瓦斯煤在全应力-应变过程中的渗透率模型,可以得到含瓦斯煤岩组合体影响下全应力-应变过程中的煤中瓦斯渗透率模型为:

$$k = \begin{cases} k_0\exp\left\{-3C_f\left[\dfrac{-2h_1+1}{3}(\bar{\sigma}-\bar{\sigma}_0) - (p-p_0) + f_m\dfrac{E}{3(1-2v)}\dfrac{\varepsilon_{\max}^s p_\varepsilon(p-p_0)}{(p+p_\varepsilon)(p_0+p_\varepsilon)}\right]\right\} & \gamma_p = 0 \\[2mm] \left(1+\dfrac{\gamma_p}{\gamma_p^*}\cdot\xi\right)k_0\exp\left\{-3C_f\left[\dfrac{-2h_1+1}{3}(\bar{\sigma}-\bar{\sigma}_0) - (p-p_0) + f_m\dfrac{E}{3(1-2v)}\dfrac{\varepsilon_{\max}^s p_\varepsilon(p-p_0)}{(p+p_\varepsilon)(p_0+p_\varepsilon)}\right]\right\} & 0 < \gamma_p < \gamma_p^* \\[2mm] (1+\xi)k_0\exp\left\{-3C_f\left[\dfrac{-2h_1+1}{3}(\bar{\sigma}-\bar{\sigma}_0) - (p-p_0) + f_m\dfrac{E}{3(1-2v)}\dfrac{\varepsilon_{\max}^s p_\varepsilon(p-p_0)}{(p+p_\varepsilon)(p_0+p_\varepsilon)}\right]\right\} & \gamma_p \geqslant \gamma_p^* \end{cases} \tag{5-34}$$

根据立方定律可得,含瓦斯煤岩组合体影响下全应力-应变过程中的煤的孔隙率演化模型为：

$$\phi = \begin{cases} \phi_0 \exp\left\{-3C_f\left[\dfrac{-2h_1+1}{3}(\bar{\sigma}-\bar{\sigma}_0)-(p-p_0)+f_m\dfrac{E}{3(1-2v)}\dfrac{\varepsilon_{max}^s p_\varepsilon(p-p_0)}{(p+p_\varepsilon)(p_0+p_\varepsilon)}\right]\right\} & \gamma_p=0 \\[3mm] \left(1+\dfrac{\gamma_p}{\gamma_p^*}\cdot\xi\right)\phi_0 \exp\left\{-3C_f\left[\dfrac{-2h_1+1}{3}(\bar{\sigma}-\bar{\sigma}_0)-(p-p_0)+f_m\dfrac{E}{3(1-2v)}\dfrac{\varepsilon_{max}^s p_\varepsilon(p-p_0)}{(p+p_\varepsilon)(p_0+p_\varepsilon)}\right]\right\} & 0<\gamma_p<\gamma_p^* \\[3mm] (1+\xi)\phi_0 \exp\left\{-3C_f\left[\dfrac{-2h_1+1}{3}(\bar{\sigma}-\bar{\sigma}_0)-(p-p_0)+f_m\dfrac{E}{3(1-2v)}\dfrac{\varepsilon_{max}^s p_\varepsilon(p-p_0)}{(p+p_\varepsilon)(p_0+p_\varepsilon)}\right]\right\} & \gamma_p\geqslant\gamma_p^* \end{cases}$$

$$(5\text{-}35)$$

5.2.2.2 模型验证

对于煤岩组合体这种特殊结构的多孔材料来说，从前几章的试验中可以看到，在组合体的塑性破坏出现时，实际上可能只是煤体出现了塑性应变，此时岩体可能还处于弹性阶段，因此在实验室测量中，为了尽量简化问题，一般在整个全应力-应变过程都使用达西定律去计算全应力-应变过程中的渗透率。尽管这种方法有其自身的缺陷，但由于试验条件的限制，这种计算手段仍然一直被学术界所使用。但是对于本书中含瓦斯煤岩组合体影响下煤的渗透率演化模型的验证来说，由于我们无法获得加载过程中单独煤体部分的渗透率数据，并且在塑性阶段以后煤岩损伤情况复杂多变，当煤样进入塑性区并且还未破坏之前，可能岩体处于弹性段，也可能进入塑性段，那么煤体部分的渗透率演化已经过渡到塑性阶段，而岩体的渗透率处于弹性段还是塑性段我们无法获知。因此，我们无法用试验数据去直接验证含瓦斯煤岩组合体影响下煤的全应力-应变过程中的渗透率演化模型。但是根据上文的理论推导，我们得到了组合体影响下煤体在弹性段的渗透率演化方程，同理我们可以得到组合体影响下岩体在弹性段的渗透率演化方程。并且基本可以确定的是，在组合体的弹性段两部分材料都处于弹性段，那么组合体的渗透率是可以根据两者的渗透率进行调和平均的。因此，为了尽可能的确保本书推导的含瓦斯煤岩组合体影响下煤的全应力-应变过程中的渗透率演化模型的适用性，我们仅对弹性段煤岩组合体影响下煤的渗透率演化模型进行了验证。

根据煤岩组合体影响下煤的弹性段渗透率模型的推导原理，我们可以得到煤岩组合体影响下岩体的弹性段渗透率模型，如式(5-36)所示：

$$\frac{k}{k_0} = \exp\left\{-3C_f\left[\frac{2h_1+1}{3}(\bar{\sigma}-\bar{\sigma}_0)-(p-p_0)\right]\right\} \qquad (5\text{-}36)$$

由于围压 4 MPa、气压 2.5 MPa 下的试验中弹性段渗透率测量点数相对较多便于进行验证，我们选取了煤与砂岩组合体在围压 4 MPa、气压 2.5 MPa 条件下弹性段的渗透率数据对模型进行验证，将岩体和煤体在弹性段的渗透率进行调和平均所预测的应变和渗透率关系的变化数据与试验获得的数据进行对比,结果如图 5-8 所示。

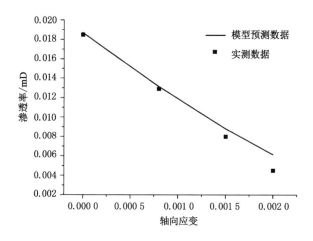

图 5-8 含瓦斯煤岩组合体影响下煤中瓦斯渗透率演化模型验证结果

从图中可以看出模型预测结果与试验实测结果具有较好的一致性,随着加载的继续进行,煤岩体开始离开弹性段,模型预测结果与试验实测结果开始出现较大的误差。虽然模型不能完全拟合试验数据,但是由于全应力-应变过程中煤体渗透率变化异常复杂,模型在弹性段仍然具有较强的可靠性。而通过上文对于含瓦斯煤在塑性阶段的渗透率演化模型的研究,我们可以知道,单煤体在全应力-应变过程中的渗透率模型呈现三段式特征。而塑性段煤岩组合体影响下煤的渗透率演化模型与单煤体的根本区别仅仅是受力的差异,渗透率演化的本质是一致的。因此我们可以推断的是,塑性段煤岩组合体影响下煤的渗透率演化模型仍然类似于单煤体全应力-应变过程中的渗透率三段式。综上所述,本书所提出的含瓦斯煤岩组合体影响下煤的渗透率演化模型是合理的。

5.3 含瓦斯煤岩组合体气固耦合失稳机制

随着复合加卸载的进行,煤岩组合体整体出现弹性变形,其所受的有效应力发生改变,导致瓦斯在煤中的流动状态也相应地发生了改变。渗透率降低会提高煤中原有的瓦斯压力梯度,高的瓦斯压力梯度又会促使煤岩组合体更早地进入塑性变形阶段。随着复合加卸载的继续进行,煤岩组合体接触面以外的煤体开始出现塑性破坏,之后接触面处的煤体开始大范围出现塑性破坏。此时,含瓦斯煤岩组合体的弹性模量和强度等物性参数降低,促使瓦斯压力梯度进一步提高,使得煤体裂隙加速扩展。裂隙扩展又会导致吸附瓦斯快速解吸和渗流,反过来,吸附瓦斯快速解吸和渗流使得煤体的有效应力增加,表现为对煤体具有拉伸破坏作用,使得煤体部分加速破裂,加剧煤岩组合体的损伤程度。随着加卸载的继续进行,在煤岩体的损伤和煤中瓦斯渗流耦合作用下,煤体部分完全破坏,同时接触面处的岩体也发生了较为明显的塑性破坏,此时煤岩组合体整体失稳破坏。综上可知,含瓦斯煤岩组合体的损伤破坏和煤中瓦斯渗流是协同演化的关系,含瓦斯煤岩组合体的失稳破坏是典型的气固耦合现象。

5.4 本章小结

本章以含瓦斯煤岩组合体接触面处的受力分析为突破口,从理论分析和数值模拟的角度对含瓦斯煤岩组合体损伤破坏机制进行了理论分析,同时建立了受载含瓦斯煤岩组合体影响下煤体的渗透率演化模型,进而揭示了受载含瓦斯煤岩组合体气固耦合失稳机制,得出了以下结论和认识:

(1)在含瓦斯煤岩组合体变形破坏过程中,煤体和岩体部分在水平方向会产生不协调变形量,从而在各自的界面处产生了附加应力的作用,这是含瓦斯煤岩组合体的损伤破坏异常复杂的根本原因。

(2)实际采矿过程中,由于顶板的抗压强度远大于煤体,因此在失稳破坏过程中,煤岩组合体最主要的受力方式是:随着轴压的增加,接触面岩的抗压强度减小但仍大于远离接触面的煤体的抗压强度,接触面煤体的抗压强度增加但仍小于远离接触面岩体的抗压强度。理论破坏形式以煤体破坏为主,部分情况下才会引发岩体的局部破坏。

(3)本章以含瓦斯煤体在全应力-应变过程中的渗透率演化模型为基础,考虑到附加应力的影响,建立了受载含瓦斯煤岩组合体影响下煤体的渗透率演化模型,并利用试验数据进行了验证。

6　含瓦斯煤岩组合体失稳致灾物理模拟试验及数值模拟

目前国内外对煤岩瓦斯复合动力灾害发生机制的研究尚处于初步探讨阶段，对煤岩瓦斯复合动力灾害的研究还远远不足，难以适应煤炭工业的发展以及国家对于煤炭资源清洁高效利用的迫切要求。受客观条件的制约，对煤岩瓦斯复合动力灾害进行现场研究很难实现，因此，作为实验室试验的有利补充，利用物理模拟和数值模拟手段模拟含瓦斯煤岩组合体失稳诱发的煤岩瓦斯复合动力灾害，是研究突出-冲击耦合动力灾害发生机理的重要方法。

现有的对瓦斯灾害的物理模拟及数值模拟基本都是基于煤与瓦斯突出进行的，相关学者在这方面做了大量的工作。N. Skoczylas[207]进行了一系列的试验研究了瓦斯压力和煤的强度对突出危险性的影响，结果表明煤体强度的降低和瓦斯压力的升高会导致突出危险性增强。F. H. An 等[206,208-210]针对煤与瓦斯突出的现象和机理进行了大量的数值模拟研究，他们分析了煤层深度、瓦斯压力、渗透率和煤的强度对煤与瓦斯突出的影响。S. Xue 等[211-213]开发了新的算法和程序较好地模拟了煤与瓦斯突出的启动和演化过程，对理解煤与瓦斯突出的发生机理具有重要的推动作用。A. D. Alexeev 等[214-216]开发了大尺度真三轴煤与瓦斯突出物理模拟试验装置，能在实验室较好地再现煤与瓦斯突出的过程。Q. Tu 等[111-112,217]进行了大量的物理模拟试验，对煤与瓦斯突出过程中的层裂破坏机理和能量演化准则进行了深入的研究，得到了一些新的认识。

分析近几十年来国内外对煤岩瓦斯复合动力灾害的研究发现，用物理试验及数值模拟的手段对复合动力灾害的研究报道还极为少见。由于突出-冲击耦合动力灾害的高度非线性，因此有必要借鉴对煤与瓦斯突出的研究手段，利用物理模拟试验装置进行试验研究，揭示突出-冲击耦合动力灾害的定量化演化过程、发动条件及动力学响应特征。近年来，由于安全系数高且可突破很多传统试验中的束缚，数值模拟已经成为非常有效的科学研究手段。

本章首先利用中国矿业大学煤矿瓦斯治理国家工程研究中心的真三轴煤与瓦斯突出模拟试验系统，以含瓦斯煤岩组合体系统为研究对象，进行不同条件下的含瓦斯煤岩组合体失稳破坏物理模拟试验。通过控制各主要影响因素，模拟典型煤系地层条件下含瓦斯煤岩组合体失稳破坏诱发煤岩瓦斯复合动力灾害过程。其次对煤岩组合体损伤及煤中瓦斯渗流耦合失稳进行理论分析,建立气固耦合模型,随后进行数值模拟分析,进一步掌握灾害发生条件与动力学响应特征,并对物理模拟结果进行验证。研究结果对于弄清突出-冲击耦合动力灾害的灾变条件及致灾机理具有重要的指导意义。

6.1 煤岩组合体损伤与煤中瓦斯渗流耦合失稳致灾物理模拟

6.1.1 试验系统

本次物理模拟试验的系统主要由真三轴突出腔体、三向应力加载装置、气体注入装置、抽真空装置、温度控制模块、数据采集装置等组成,其结构图和实物图如图 6-1 所示。突出腔体中突出口半径为 2.5 cm,腔体内部尺寸为 25 cm×25 cm×31 cm(长×宽×高)。本系统的试验机为伺服加卸载系统,可以保证试验过程中各个参数的稳定性,确保试验精确完整地进行。三轴试验机的主要参数参考文献[111-112,218]。

6.1.2 试验煤样和岩样制备

本次模拟试验所用煤样取自寺家庄煤矿 15# 煤层,煤样为高变质的无烟煤,煤层厚 2.79～7.40 m,抗压强度为 6.52～13.0 MPa,直接顶板岩性主要为砂质泥岩,厚 3～5 m,抗压强度为 12～41.9 MPa,该煤层曾经发生过多起煤与瓦斯突出灾害。寺家庄煤矿 15# 煤层突出灾害的一些特征与典型的煤与瓦斯突出相比有比较明显的区别。如:突出后的煤呈块状且无分选现象;煤有一定距离的抛出,但抛出的距离较小;个别突出后的煤体呈口大腔小的楔形孔洞。分析可知,这些特征比较符合复合动力灾害的一些典型特征。因此,本试验选取寺家庄煤矿 15# 煤层的煤样。使用破碎机将取回的煤样破碎,筛分得到 0.5 mm 粒径以下的煤样,然后将煤样放入干燥箱烘干。本次试验型煤制备在试验装置中预制,每次装煤样时,将干燥的煤粉中加入 5%的含聚乙烯醇的水溶液进行配比,分两次放入试验腔体中,每加一次煤样利用伺服试验机加压成型一次。第一次压力机采用 1 000 kN 的成型压力,第二次采用指定的压力(3 000 kN 或 3 500 kN)并保载 50 min,得到压制好的成型煤层。为了便于下文的表述,将 3 000 kN 压力下的煤体称为软煤,将 3 500 kN 压力下的煤体称为较硬煤。本次试验顶板预制采用相似材料并提前制备好,待试验开始时,整体放入突出腔体中。顶板材料成

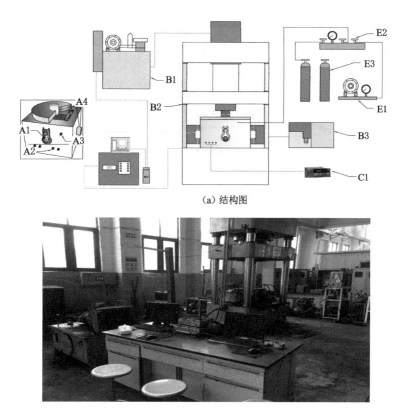

（a）结构图

（b）实物图

A1—突出口;A2—气压测量孔;A3—气体注入孔;A4—活塞;B1—测试泵站;B2—轴压加载机;

B3—环向加载泵站;C1—数据采集系统;E1—真空控制系统;E2—三通阀;E3—CO₂气瓶。

图 6-1 煤岩瓦斯动力灾害三轴物理模拟系统

型主要包括河砂、松香、石膏及水等。本试验选取两种不同配比的顶板,第一种配比为:砂:石膏:水:松香:硼砂＝80:8:10:1.9:0.1,其物理力学参数为 $\sigma_c=2.45$ MPa,$\rho=2.7$ g/cm³;第二种配比为:砂:石膏:水:松香:硼砂＝83:5:10:1.9:0.1,其物理力学参数为 $\sigma_c=1.84$ MPa,$\rho=2.5$ g/cm³。为了便于下文的表述,将第一种配比下的顶板称为较硬顶板,将第二种配比下的顶板称为较软顶板。试验煤样、顶板以及顶板预制模具如图 6-2 所示。

6.1.3 试验方案与步骤

根据调研分析的突出-冲击耦合动力灾害主控因素和特征参量,构建典型煤系地层试验模型,进行物理模拟试验研究。由于突出-冲击耦合动力灾害的发生

(a)　　　　　　　　　　(b)　　　　　　　　　　(c)

图 6-2　试验所用煤样、顶板以及预制模具

多数跟顶板和煤层的相互作用有关,底板和煤层作用导致的复合灾害相对较少,并且由于试验箱体较小,设计的岩样类型和层数太多会导致煤层变薄,不利于试验的进行及试验结果的准确性。因此,本书拟构建顶板岩层与煤层组合煤系地层模型,设计了不同煤体强度、不同吸附平衡压力、不同荷载、不同顶板强度等条件下的含瓦斯煤岩组合系统失稳致灾物理模拟试验。通过控制各主要影响因素参数,分析灾害发生条件与动力学响应特征。具体的试验方案如表 6-1 所示。根据腔体实际情况,设计顶板与煤层厚度分别为 7 cm 和 18 cm。由于对突出-冲击耦合动力灾害现象的描述还没有全面统一的专业术语,因此下文一些专业术语仍然参考煤与瓦斯突出。

表 6-1　突出-冲击耦合动力灾害物理模拟试验方案

序号	煤样	顶板	瓦斯压力/MPa	垂直应力/MPa	构造应力/MPa	侧向应力/MPa	温度/℃
1#	软煤	较软	0.4	5	2.5	2.5	25
2#	软煤	较软	0.5	5	2.5	2.5	25
3#	软煤	较软	0.6	5	2.5	2.5	25
4#	软煤	较硬	0.5	5	2.5	2.5	25
5#	较硬煤	较软	0.6	5	2.5	2.5	25
6#	较硬煤	较硬	0.5	5	2.5	2.5	25
7#	较硬煤	较软	0.6	10	2.5	2.5	25

根据本试验装置设计特点,物理模拟试验的步骤如下:

(1)将制备好的干燥煤粉中加入 5% 的含聚乙烯醇的水溶液,配比均匀后放入试验腔体中,利用伺服试验机施加轴压并保持 50 min 使煤样加压成型。将提前养护好的顶板放入腔体内煤层上方,对试验装置进行密封,通过密封圈使容器的上盖和装置充分的结合。

（2）试样装好后，通过注气系统向腔体内充入一定压力的气体，在结合处涂抹肥皂泡，检查装置的气密性；确认系统气密性以后，利用真空系统对整个装置进行抽真空处理，抽真空时间持续 24 h。

（3）利用注气系统向腔体内充入指定压力的气体（CO_2），大约吸附 60 h，直到煤样吸附平衡为止。吸附平衡后，利用伺服压力机给煤样施加三轴应力，准备突出。

（4）利用被动诱导的方式打开突出口，诱导突出的发生。用摄像机记录整个突出过程中煤岩体的破坏抛出情况。利用压力传感器观测试验过程中腔体内瓦斯压力的变化，突出后观察孔洞的破坏形状、突出煤岩样的重量及分布、破碎程度、喷出距离、搬运特征、分选性、动力显现、持续时间，同时观察灾害发生后煤层顶板（煤岩组合体）的变形破坏特征。

6.1.4　试验结果及分析

图 6-3 表示一个典型的含瓦斯煤岩组合体失稳破坏的过程。如图 6-3 所示，将抛出的煤岩样质量视为突出煤岩粉强度，突出煤岩粉与装入腔体的煤岩总质量之比视为相对煤岩突出强度，突出粉煤最远抛出距离取最远处煤粉颗粒集中位置。具体试验结果如表 6-2 所示。

图 6-3　突出全过程视频截图

表 6-2　物理模拟试验结果

序号	煤岩总质量/kg	突出强度/kg	相对突出强度/%	最远抛出距离/m	持续时间/ms	灾害类型
1#	24.5	3.091	12.62	16.8	711	复合灾害
2#	24.5	4.404	17.98	>17	1 008	复合灾害
3#	24.5	5.031	20.53	>17	914	煤与瓦斯突出
4#	25.375	4.437	17.49	>17	1 228	煤与瓦斯突出
5#	25.625	4.233	16.52	>17	650	复合灾害
6#	26.5	4.317	16.29	>17	842	复合灾害
7#	25.625	6.044	23.59	>17	1 143	复合灾害

6.1.4.1　突出煤的平面分布及分选特征

从图 6-3 中可以看出,突出瞬间大量的粉煤瓦斯流从突出口快速抛出至自由空间,在水平地面成梭形分布,高速瓦斯流对煤体的吹扫搬运作用使得梭形的中远部煤岩样分布最宽,但是梭形中间煤岩粉相对较少。突出煤岩粉最远可以达到 17 m 以上,突出过程所爆发的能量和瓦斯压力对煤样均有明显的粉碎作用。本书将抛出的煤岩粉分布划分为 6 个区域,统计不同抛出距离处粉煤的质量分布,如图 6-4 所示。

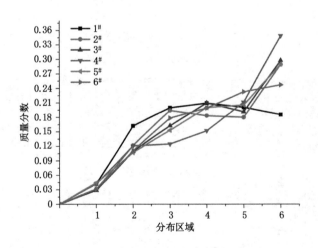

图 6-4　不同抛出距离处煤粉的质量分布

在图 6-4 中,由于第 7 组试验过程中煤岩混合太密集,没法进行粒径筛分,因此在统计分布特征时没有进行第 7 组抛出煤粉的质量和分布的记录,此处仅仅列出前 6 组的质量分布情况。从第 1 组可以看出,0.4 MPa 压力下,由近到远煤岩样质量分布呈现先增大后减小的趋势,其余 5 组情况下,由于煤岩样最远抛出距离都大于 17 m,而由于场地的限制,17 m 处的挡板会将后面所有的煤岩粉挡住聚集在这块区域,所以最后一个区域在图中呈现急剧升高的特征。但是可以推断的是,当前方无任何遮挡物情况下,这 5 组试验总体上也会呈现先增大后减小的趋势。这可能的原因是,发生突出时,有着一定初速度的抛出煤岩粉脱离腔体后,以类似平抛运动的方式向前方和下方运动。尽管前方的煤岩粉已经落地,但是因为突出的持续性,后方源源不断的瓦斯流仍然会推动煤岩粉向远处运动,落到较远区域。但是随着突出的减弱,瓦斯压力差减弱,后续的煤岩粉不足以运动至最远的地方而可能在中远部落下,因此大部分煤岩粉都落在了中远部区域。

统计不同抛出距离处粉煤粒径的分布如图 6-5 所示,尽管不同条件下煤粉的粒径分布规律不同,但是总体来看,突出煤粉没有呈现出明显的分选性。

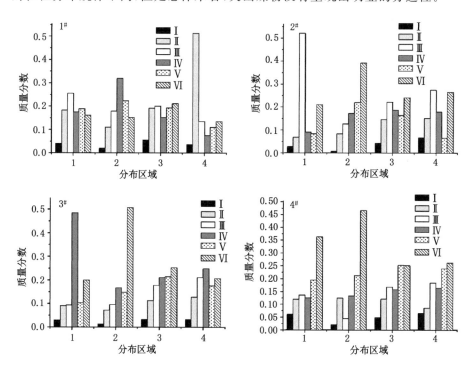

图 6-5 不同抛出距离处煤粉的粒径分布

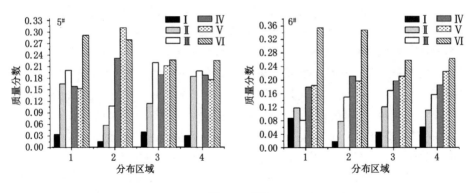

图 6-5 （续）

需要说明的是，在图 6-5 中，Ⅰ～Ⅵ表示 6 个分布区域。其中横坐标 1～4 的含义分别为：1 代表"粒径＞1 mm"；2 代表"0.5 mm＜粒径＜1 mm"；3 代表"0.25 mm＜粒径＜0.5 mm"；4 代表"粒径＜0.25 mm"。

6.1.4.2　突出孔洞及顶板岩层变形破坏特征

图 6-6 表示突出后的孔洞以及煤体和顶板的破坏情况。仅仅从煤层与顶板岩层的破坏特征很难非常清楚地分辨两种灾害的种类，但由于突出-冲击耦合动力灾害和煤与瓦斯突出具有本质上的差异，因此本书利用顶板破裂与煤层裂隙及破坏的特征对两种灾害的判别标准为：如果突出后孔洞成典型的口小腔大、层裂特征明显，并且顶板相对来说没有剧烈的破坏，这种情况视为典型的煤与瓦斯突出。如果突出后孔洞形状没有呈现典型的口小腔大或者呈现出口大腔小的特征，并且顶板破坏相对来说比较剧烈，这种情况视为非典型的煤与瓦斯突出，本书中指突出-冲击耦合动力灾害。

从图 6-6 中可以看出，本书进行的 7 组突出试验都表现出煤（岩）与瓦斯剧烈喷出的特征。突出发生后，煤体内部形成凹形孔洞，并且在孔洞周围的煤体发生层裂破坏，存在大量裂隙，强度较低。清理孔洞内的碎煤后发现，未破坏煤体仍较完整，且具有一定的强度。顶板岩层也都发生了一定的变形破坏，但是在地应力、煤岩组合体和瓦斯压力三者的综合作用下，不同条件下突出孔洞周围煤体层裂破坏及顶板岩层变形破坏具有较大的差别，下面进行具体分析。

（1）对比第 1～3 组试验分析瓦斯压力对煤岩组合系统失稳破坏致灾的影响。这 3 组试验中的瓦斯压力依次为 0.4 MPa、0.5 MPa 和 0.6 MPa，其余条件保持一致。由图 6-6 可以看出，在不同的瓦斯压力条件下，突出孔洞和顶板变形呈现出的特征不尽相同。在瓦斯压力为 0.4 MPa 和 0.5 MPa 时，突出

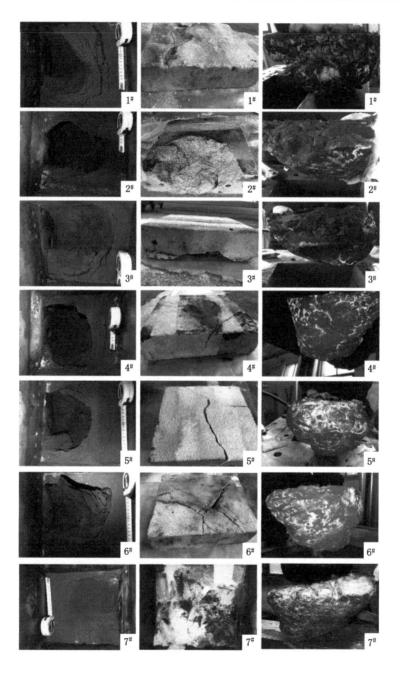

图 6-6 突出口煤岩的破裂及突出孔洞特征

孔洞没有明显的口小腔大的特征,并且顶板破裂较为剧烈。结合上文抛出煤粉无分选性,本书倾向于将这2组试验现象对应的灾害类型视为突出-冲击耦合动力灾害。而在瓦斯压力0.6 MPa下,由于瓦斯压力较大,腔体又小,使得突出孔洞没能完整呈现,但是根据已出现的孔洞形状推断出如果腔体足够大,孔洞应为口小腔大。顶板的变形破裂还不如0.5 MPa条件下剧烈,说明较大的瓦斯压力作用下,煤层和岩层强度差距很大,导致煤体破坏释放的能量不足以诱导岩层发生剧烈破坏,基本上表现为煤体的剧烈破坏及煤粉的抛出,虽然抛出煤粉也无明显的分选性,但是根据煤岩组合体破坏情况,本书倾向于将这种现象对应为煤与瓦斯突出灾害。从这3组试验中可以看出,过大的瓦斯压力并不利于突出-冲击耦合动力灾害的发生,而是更有利于突出的发生,这与我们以前的研究成果一致。

(2) 对比第2组和第4组试验分析顶板强度对煤岩组合系统失稳破坏致灾的影响。与第2组试验相比,第4组试验中的顶板较硬。在其他条件一致的情况下,顶板较硬条件下突出孔洞呈现出口小腔大的特征,球壳状裂纹更加明显,顶板变形破坏不剧烈,没有贯穿岩体,这种现象对应为煤与瓦斯突出灾害。这说明在其他条件一致而顶板强度较大的情况下,煤岩组合系统的破坏主要以煤体破坏为主,灾害更多表现为煤与瓦斯突出的特征,较大强度的顶板条件并不利于突出-冲击耦合动力灾害的发生。

(3) 对比第4组和第6组、第3组和第5组试验分析煤的强度对煤岩组合系统失稳破坏致灾的影响。试验中,第3、第4两组煤为较软煤,第5、第6两组煤体强度较大。由图6-6可知,第5组跟第3组相比,突出孔洞口小腔大的特征已经不是很明显,并且顶板断裂比较剧烈,出现了几条贯穿大裂纹,说明煤体强度较大的情况下,由于煤体和岩体强度差变小,导致组合体失稳时,煤体和岩体都发生了较为剧烈的破坏,且煤体的破坏程度较第3组弱一些,灾害更多表现出突出-冲击耦合动力灾害的特征。其他条件一致的情况下,较大的煤体强度更有利于复合灾害的发生。第6组跟第4组相比,虽然突出孔洞口小腔大的特征依然比较明显,但是顶板断裂比较剧烈,出现了几条贯穿大裂纹,后方出现了一条贯穿大裂纹,灾害特征接近表现出突出-冲击耦合动力灾害的特征,也说明了其他条件一致的情况下,较大的煤体强度更有利于复合灾害的发生。

(4) 对比第5组和第7组试验分析地应力对煤岩组合系统失稳破坏致灾的影响。这两组试验中垂直应力大小分别为5 MPa和10 MPa,其余条件保持一致。从第7组现象可以看出,较大的地应力下,孔洞已经不是口小腔大,而且顶板发生了更为剧烈的破坏,距离突出口的一块区域直接垮落,表现出明显的突出-冲击耦合动力灾害特征。这说明较高的地应力更有利于复合灾害的发生。其他条件一致的情况下,较大的地应力下灾害的强度越大,带来的危害越大。

6.1.4.3 突出强度及瓦斯压力变化特征

从表 6-1 和表 6-2 可以看出,瓦斯压力、煤的强度、顶板强度、地应力都会对突出强度产生影响。对比第 1~3 组试验可以看出,无论灾害类型为突出或者突出-冲击耦合动力灾害,随着瓦斯压力的增大,煤岩突出相对强度逐渐增大。对比第 2 组和第 4 组试验可以看出,顶板较硬的情况下,灾害更倾向于典型的煤与瓦斯突出,相比于突出-冲击耦合动力灾害,顶板破坏程度较小,煤体的突出强度(量)相对较大,但是总体来看,第 4 组比第 2 组相对突出强度要低,这是由于硬顶板密度较大,煤岩总重量较大,导致即使第 4 组突出煤的强度大,但是整体煤岩相对突出强度仍然较低。对比第 4 组和第 6 组试验、第 3 组和第 5 组试验可以看出,煤体强度越大,灾害发生后的相对强度越低,这是由于强度较大的煤体发生破坏的程度低于低强度的煤体,尽管强度大的煤体对应的岩层更易发生破坏释放能量,但总的能量仍然低于低强度煤岩组合体的破坏能量。对比第 5 组和第 7 组试验可以看出,应力越大,突出强度越大,这是由于较高的地应力下,煤岩储存有更多的弹性能,突出发生时,煤岩破裂更为剧烈,相对突出强度越大。

突出开始前,腔体内瓦斯压力保持恒定,突出发生瞬间,瓦斯压力急剧下降,但是在下降过程中呈现出逐步波动衰减的特征,具有类似于阵发性的特征。这可能是因为:一方面,在突出过程中,大量的碎煤通过突出口抛向外界,而突出口的尺寸有限,会出现突出口堵塞的情况,在这种情况下,瓦斯压力就会减缓下降的速度。另一方面,含瓦斯煤岩抛出的过程是一个极其复杂的动力过程,其中包括瓦斯吸附、解吸和渗流以及煤固体结构的变化,这可能会对瓦斯压力的演化产生较大的影响。本书中没有发现突出时间与瓦斯压力、顶板煤层强度及地应力大小之间的明确规律,这是由于在瓦斯、地应力和煤岩组合体系统相互作用的影响下,腔体内煤体瓦斯吸附、扩散和渗流特性较为复杂。弄清这几个因素与突出时间的关系需要进行更加深入的研究。

6.2 煤岩组合体损伤与煤中瓦斯渗流气固耦合模型

本书中,煤岩组合体损伤与煤中瓦斯渗流气固耦合模型主要包括:煤体和岩体变形方程、煤中瓦斯流动方程、孔隙率和渗透率演化模型。为了建立可以求解的煤岩组合体损伤与煤中瓦斯渗流气固耦合模型,并保证模型可以应用在较大

尺度的工程问题中,同时为了减少模型的复杂程度,作出适当的简化,结合前人的研究,在模型建立之前做出必要的假设:

(1) 煤是均匀的、各向同性的多孔介质材料;

(2) 瓦斯在煤中流动认为是等温过程,忽略温度的变化及其对模型参数的影响;

(3) 煤中瓦斯处于饱和状态且为理想气体,且瓦斯在煤中流动遵循达西定律;

(4) 煤岩骨架在弹性段的变形视为小变形;

(5) 不考虑岩体中的瓦斯流动,仅仅考虑瓦斯在煤中的流动。

6.2.1　煤岩体变形控制方程

在忽略惯性力的前提下,含瓦斯煤体和岩体的应力平衡方程为[219]:

$$\begin{cases} \dfrac{\partial \sigma_x}{\partial x} + \dfrac{\partial \tau_{yx}}{\partial y} + \dfrac{\partial \tau_{zx}}{\partial z} + f_x = 0 \\[2mm] \dfrac{\partial \sigma_y}{\partial y} + \dfrac{\partial \tau_{zy}}{\partial z} + \dfrac{\partial \tau_{xy}}{\partial x} + f_y = 0 \\[2mm] \dfrac{\partial \sigma_z}{\partial z} + \dfrac{\partial \tau_{xy}}{\partial x} + \dfrac{\partial \tau_{yz}}{\partial y} + f_z = 0 \end{cases} \tag{6-1}$$

其张量形式可以表示为:

$$\sigma_{ij,j} + f_i = 0 \tag{6-2}$$

式中,σ_{ij} 是应力张量(i,j 表示空间方向),f_i 表示 I 方向上的体积力分量。

煤体和岩体变形的几何方程为[220]:

$$\varepsilon_{ij} = \frac{1}{2}(u_{i,j} + u_{j,i})$$

$$i = 1,2,3; j = 1,2,3 \tag{6-3}$$

式中,ε_{ij} 是应变张量,$u_{i,j}$ 表示位移分量。

基于多孔弹性理论,并考虑煤体吸附瓦斯后的体积应变特点,含瓦斯煤的本构方程为[100,112]:

$$\sigma_{ij}^* = 2G\varepsilon_{ij} + \frac{2Gv}{1-2v}\varepsilon_v\delta_{ij} - K\varepsilon_v^s\delta_{ij} \tag{6-4}$$

式中,σ_{ij}^* 是有效应力,MPa。G 是剪切模量,MPa。v 是泊松比。ε_v 是体积应变,$\varepsilon_v = \varepsilon_{xx} + \varepsilon_{yy} + \varepsilon_{zz}$。$\delta_{ij}$ 是 Kronecker 数。K 是体积模量,MPa。ε_v^s 是气体吸附作用引起的体积应变,$\varepsilon_v^s = \dfrac{\varepsilon_{max}^s p}{p + p_\varepsilon}$;$\varepsilon_{max}^s$ 是 langmuir 体积应变;p 是瓦斯压力,MPa;p_ε 是 langmuir 压力,MPa。

由于顶板或者底板岩石不吸附瓦斯,岩体的本构方程为:

$$\sigma_{ij}^* = 2G\varepsilon_{ij} + \frac{2Gv}{1-2v}\varepsilon_v\delta_{ij} \tag{6-5}$$

对于煤体和岩体的破坏准则,本书选取 DP 准则匹配 Mohr-Coulomb 准则[221-223]:

$$F = \frac{2\sin\varphi}{\sqrt{3}(3-\sin\varphi)}I_1 - \frac{6C\cos\varphi}{\sqrt{3}(3-\sin\varphi)} + \sqrt{J_2} \tag{6-6}$$

式中,I_1 代表第一应力张量不变值,MPa,$I_1 = \sigma_1 + \sigma_2 + \sigma_3$;$J_2$ 代表第二应力张量不变值,MPa²,$J_2 = \frac{1}{3}I_1^2 - I_2$,$I_2 = \sigma_1\sigma_2 + \sigma_2\sigma_3 + \sigma_3\sigma_1$;$\varphi$ 和 C 分别代表内摩擦角和内聚力。

6.2.2 煤中气体流动方程

需要注意的是,为了作出适当简化,本书中我们仅仅考虑煤岩组合结构影响下煤中瓦斯流动,因此岩石中瓦斯流动不在本书气固耦合模型的讨论当中。煤中瓦斯气体由吸附态和游离态组成,根据理想气体方程,单位体积煤中自由气体的含量可以由下式表示:

$$m_1 = \phi\rho_f \tag{6-7}$$

$$\rho_f = \beta p \tag{6-8}$$

式中,m_1 表示单位体积煤中自由气体的含量,kg/m³。ϕ 是煤的孔隙率。ρ_f 是自由气体的密度。β 是气体状态常数,$\beta = \frac{M}{RT}$;M 是煤中瓦斯的摩尔质量,kg/mol;R 是理想气体含量,J/(mol·K)。

由于气体在煤中吸附满足 Langmuir 吸附方程,则单位体积煤体中吸附态瓦斯含量可以表示为:

$$m_2 = \rho\rho_s \frac{abp}{1+bp} \tag{6-9}$$

式中,m_2 表示单位体积煤中吸附气体的含量,kg/m³;ρ 是煤体密度;ρ_s 是标况下的气体密度;a 是 langmuir 体积常数,m³/kg;b 是 Langmuir 压力常数,MPa⁻¹。

根据达西定律,并且忽略重力的影响,煤中瓦斯流动可以表示为:

$$\frac{\partial m}{\partial t} = \nabla\left(\rho_f \frac{k}{\mu}\nabla p\right) + m_m \tag{6-10}$$

式中,m 表示单位体积煤中总的气体含量;k 是煤的渗透率,m²;μ 是气体黏度系数,Pa·s;m_m 是气体源。

因此,综上可得煤中气体流动模型为:

$$(\phi\beta + \frac{\rho\rho_s ab}{(1+bp)^2})\frac{\partial p}{\partial t} + \beta p\frac{\partial\varphi}{\partial t} - \nabla(\frac{k}{\mu}\beta p\ \nabla p) = m_m \tag{6-11}$$

对于只有瓦斯气体单向输出的系统,上述等式可以改写成:

$$(\phi\beta + \frac{\rho\rho_s ab}{(1+bp)^2})\frac{\partial p}{\partial t} + \beta p\frac{\partial\varphi}{\partial t} - \nabla(\frac{k}{\mu}\beta p\ \nabla p) = 0 \tag{6-12}$$

6.2.3 动态孔隙率和渗透率方程

根据前文的研究,煤岩组合体影响下煤中瓦斯渗透率在弹性段的表达式如式(5-32)所示;含瓦斯煤岩组合体影响下全应力-应变过程中的煤中瓦斯渗透率模型如式(5-34)所示;根据立方定律可得,含瓦斯煤岩组合体影响下全应力-应变过程中的煤的孔隙率演化模型如式(5-35)所示。

6.3 煤岩组合体损伤与煤中瓦斯渗流耦合失稳致灾数值模拟

本章采用 Comsol 中的固体力学和 PDE 数学模块分别对气固耦合模型中的偏微分方程组进行求解,模拟灾害发生时煤岩组合体的变形破坏及瓦斯渗流耦合规律。

6.3.1 几何模型和边界条件

如图 6-7 建立简化的二维几何模型。整个模型长 0.25 m、高 0.25 m,与实际试验装置尺寸一致。其中顶板高度为 0.07 m,煤层高度为 0.18 m,与实际试验煤岩组合体尺寸一致。根据以往研究及本书的试验结果可以看出,喷出煤体呈球壳状破坏,因此本书中,在突出口将煤体的喷出设置成半径为 0.05 m 的开挖模块,近似模拟喷出的煤样。

模型下边界固定 y 方向位移为 0;模型两端边界固定 x 方向位移为 0;模型上边界为荷载边界。煤层上边界、下边界、左边界为不透气即零流量边界,右边界瓦斯压力为大气压 0.1 MPa。

本次模拟分为两个步骤:首先利用固体力学模块计算得到突出前含瓦斯煤岩体的初始应力状态,接着利用固体力学模块与 PDE 模块对喷出半圆形煤块后的含瓦斯煤岩体的应力-应变状态及瓦斯渗流情况进行求解。数值模拟需要的参数如表 6-3 所示。

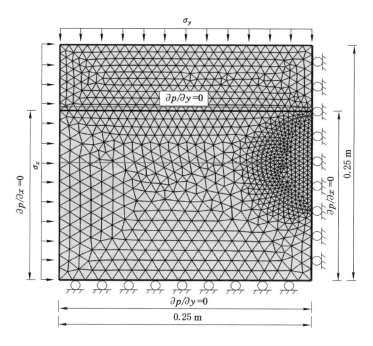

图 6-7 数值模拟二维几何模型和边界条件

表 6-3 数值模型所需参数

参数名称	软煤	较硬煤	软顶板	较硬顶板
体密度/(kg·m⁻³)	1 400	1 500	2 000	2 200
弹性模量/MPa	2 700	3 500	5 000	7 000
泊松比	0.41	0.38	0.22	0.20
内聚力/MPa	2.516	2.529	3.2	3.4
内摩擦角/(°)	36.79	37.29	29.83	28.84
Langmuir 体积/(mL·g⁻¹)	58.78	55.99	—	—
Langmuir 压力/MPa	1.437	1.449	—	—
最大吸附应变	0.010	0.009 8	—	—
初始孔隙率	0.05	0.045	—	—
初始渗透率/mD	0.088	0.076	—	—
气体黏度/(Pa·s)	1.52×10^{-5}	1.52×10^{-5}	—	—
裂隙压缩系数	0.080	0.082	—	—
内膨胀系数	0.5	0.45	—	—

6.3.2 数值模拟结果

6.3.2.1 主要参数的分布特征

以最后一组试验为例,作出煤体喷出后暴露面后方垂直应力、体积应变、瓦斯压力、渗透率分布云图,如图 6-8 所示。同时,图 6-9 表示这些参数从模型左边界到右边界的分布规律。

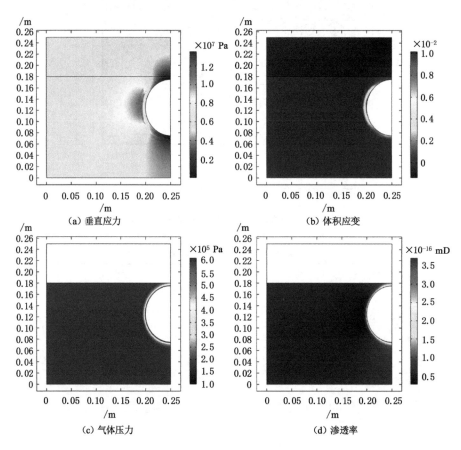

图 6-8 物理参数的分布

（注：每个图中 x 轴均表示模型从左边界到右边界）

由于煤体破坏呈球壳状,因此在半圆形球壳的中心向腔体左边设置检测线,观察这些参数的分布情况。由图 6-9 可以看出,煤体喷出后,煤体所受应力从暴露面向煤层深处分别存在应力卸载区、应力集中区和原始应力区,垂直应力的峰值出现在暴露面附近的应力集中区。暴露面附近体积应变最大,向煤层深处随

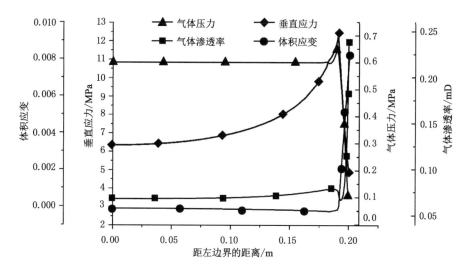

图 6-9 垂直应力、体积应变、气体压力和渗透率从左边界到右边界的变化规律

着垂直应力的增大,体积应变迅速降低,在应力集中的弹性区,煤体受力压实,体积收缩,体积应变达到最小值。随着向煤层深处应力慢慢减小,体积应变略有上升,直到为 0。由于煤体的剧烈破坏,暴露面附近煤体的渗透率达到最大值。从暴露面向煤层深处,随着应力的增大渗透率先急剧减小,在体积应变最小区域达到最小值,之后小幅上升至初始值。瓦斯压力在暴露面处为大气压,暴露面向煤层深处瓦斯压力急剧上升,在应力集中处达到最大,且高于煤层初始压力。这是由于应力集中对瓦斯具有"屏障作用",增大了煤层压实程度,瓦斯难以向外流动,使得瓦斯在短时间内迅速集聚,出现了小范围高于初始值的现象,最终使得煤层内形成了较大的瓦斯压力梯度。这个瓦斯压力梯度对于煤体的继续层裂破坏起到了至关重要的作用[112]。在应力峰值后的区域里基本保持初始瓦斯压力。

6.3.2.2 不同条件下灾害发生时煤岩组合体塑性破坏情况

为了弄清灾害发生时顶底板的破坏情况,做出煤体喷出后腔体内煤岩组合体的塑性区,如图 6-10 所示。从图中可以看出,不管哪种灾害发生后煤体都会有比较大的塑性破坏。由于模型的简化及模拟手段的限制,本书数值模拟结果无法分析突出孔洞的形状。但是我们可以看到,不同条件下,与煤体接触面处顶板的塑性破坏差异较大。对比第 1~3 组模拟结果可以看出,较低瓦斯压力条件下的第 1 组和第 2 组顶板破裂较为剧烈,且第 2 组条件下顶板破裂最为剧烈。第 3 组虽然瓦斯压力较大,但是顶板的变形破裂还不如第 2 组剧烈,这与本章的试验结果一致。说明相比于第 1 组和第 2 组,第 3 组在较大的瓦斯压力及煤层和岩层强度差距较大的情况下,在煤岩组合结构的综合影响下会发生典型的煤与瓦斯突出灾害。因此,结合物理模拟试验和数值模拟结果综合分析可知,过大的瓦斯压力并不利于突出-冲击耦合动力灾害的发生,而是更有利于突出的发生。第4组中顶板强度高于第2组,与第2组相比,顶板强度较高的条件下顶板塑性破坏区域较小,进一步说明了较大强度的顶板条件下并不利于突出-冲击耦合动力灾害的发生。第5组中煤体强度高于第3组,与第3组相比,较大的煤体强度条件下顶板塑性破坏区较大,结合物理模拟试验结果,进一步说明其他条件一致的情况下,较大的煤体强度更有利于复合灾害的发生。同理,第6组跟第4组相比,接触面顶板岩层塑性破坏区域更大,结合物理模拟试验结果中出现的几条贯穿大裂纹,可以看出灾害特征接近表现出突出-冲击耦合动力灾害的特征,进一步说明了其他条件一致的情况下,较大的煤体强度更有利于复合灾害的发生。与第5组相比,在较大的地应力条件下的第7组模拟中,煤体和顶板都发生了更为剧烈的破坏,表现出明显的复合动力灾害特征,进一步说明其他条件一致的情况下,较大的地应力更有利于突出-冲击耦合动力灾害的发生。

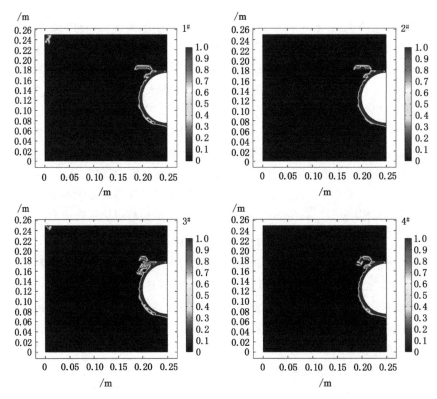

图 6-10　煤体喷出后腔体内煤岩组合体的塑性破坏

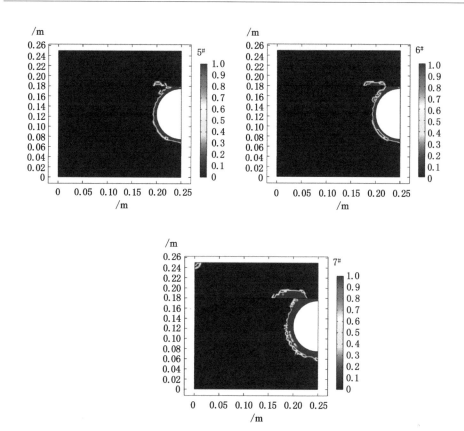

图 6-10 （续）

6.3.2.3 不同条件下灾害发生时瓦斯在煤中渗流情况

对比第 7 组、第 5 组、第 3 组曲线可以看出，在同一瓦斯压力、不同煤层顶板强度条件下，瓦斯压力升高的幅度不尽相同。与第 5 组相比，第 7 组中在最高点处瓦斯压力增幅较大，这是由于第 7 组中煤岩组合体所受地应力大于第 5 组，使得最高点处应力值较大，煤体的压实效应更加显著，导致瓦斯压力更大。第 3 组瓦斯压力升高幅度大于第 5 组，这是由于第 3 组条件下煤体强度更小，使得煤体在相同应力条件下压实效应更加显著，导致瓦斯压力更大。相同的原理可以解释同一瓦斯压力下第 6 组、第 4 组、第 2 组曲线的变化规律，其中第 4 组瓦斯压力升高幅度大于第 2 组，这是由于第 4 组条件下顶板强度更大。根据本书前述章节的研究表明，顶板强度对组合体强度具有很大的影响，顶板越硬，组合体强度越大。换而言之，顶板越硬，对应的煤体在相同应力条件下破坏之前压实效应更加显著，导致瓦斯压力更大。

对比第 7 组、第 5 组、第 3 组曲线可以看出,在同一瓦斯压力、不同煤层顶板强度条件下,暴露面附近渗透率升高的大小不尽相同。与第 5 组相比,第 7 组中在暴露面附近渗透率较大,这是由于第 7 组中煤岩组合体所受地应力大于第 5 组,煤岩组合体集聚的弹性能更大,灾害发生时,煤体破坏程度更大,导致渗透率相对较高。第 5 组暴露面附近渗透率略小于第 3 组,这是由于第 3 组条件下煤体强度更小,使得煤体在相同应力条件下压实效应更加显著,破坏时剧烈程度更大,导致渗透率相对较高。相同的原理可以解释同一瓦斯压力下第 6 组、第 4 组、第 2 组曲线的变化规律,这里不再赘述。对比第 1 组、第 2 组、第 3 组曲线可以看出,在远离暴露面处,瓦斯压力较大情况下的煤体渗透率较高,这是有效应力减小对渗透率的增大效应和吸附膨胀对渗透率减小效应综合竞争的结果。在暴露面附近渗透率都急剧增大,且瓦斯压力越大,渗透率上升幅度越大,此模拟结果再次说明了第 3 组条件下煤体破坏程度大于第 1 组和第 2 组,与前文试验结果一致。

6.4　讨论

在突出-冲击耦合动力灾害发生过程中,煤岩组合结构、瓦斯气体和地应力三者构成了灾害发生的基本元素,三者相互作用、相互联系,存在于一个共同的体系之中。本书中含瓦斯煤岩组合体失稳破坏时的应力路径与工作面煤层回采过程中的应力路径相似,都表现出卸荷作用。在组合体失稳破坏前,含瓦斯煤岩组合系统基本处于极限平衡状态。含瓦斯煤岩组合体在卸荷作用下的破坏是瓦斯场、应力场和裂隙场耦合作用的结果。对煤岩组合体在水平方向卸荷后,煤岩组合体上方的应力重新分布,应力卸载区的煤体和岩体产生塑性变形,一方面塑性应变促使大量裂隙的产生,煤层中瓦斯渗透率急剧增大,高压瓦斯梯度的作用下瓦斯快速定向流动,促使煤层在水平方向上形成拉伸破坏。另一方面,塑性破坏使得煤岩体的力学参数发生改变促使煤岩体的强度降低[112]。在气固耦合作用的控制下,含瓦斯煤岩组合体系统受扰动条件下更容易发生整体失稳破坏诱发突出-冲击耦合动力灾害的发生。

由瓦斯参与的煤岩动力灾害通常要综合考虑瓦斯、应力和煤岩体的物理力学性质对灾害发生的控制作用。从本书的研究可知,煤与瓦斯突出及突出-冲击耦合动力灾害这两种煤岩瓦斯动力灾害的发生并没有非常严格的界限,在满足特定的条件下,煤与瓦斯突出灾害就会过渡到突出-冲击耦合动力灾害。过往的研究很少就灾害类型的过渡所要满足的各种物质条件进行全面的试验研究和分析,仅仅停留在经验分析和假设阶段。本章从含瓦斯煤岩组合体失稳破坏致灾物理模拟角度出发,试验研究了瓦斯压力、顶板和煤层强度、地应力等因素对突出-冲击耦合动力灾害发生的影响。结合前面章节的研究,综合分析两种灾害之间过渡所要满足的物质条件。煤与瓦斯突出危险性煤层通常是高瓦斯压力、低强度煤层以及高地应力的有机组合。而冲击地压危险性通常是高强度煤、低瓦斯压力、坚硬顶板以及高应力等的有机组合。由本书研究可得,低瓦斯压力和低煤层顶板强度差的条件降低了煤体的突出危险性,但是增加了突出-冲击耦合动力灾害的风险。与突出相比,突出-冲击耦合动力灾害更易在相对低的瓦斯压力、相对高的煤层强度以及较小的顶板煤层强度差的条件下发生,但这些条件不能达到冲击地压的发生条件。因此,突出-冲击耦合动力灾害是在一定瓦斯压力、地应力、煤层及顶板强度的范围之内发生的,范围之外,可能就过渡到煤与瓦斯突出或者冲击地压灾害。

6.5　本章小结

随着煤矿进入深部开采,煤岩瓦斯复合动力灾害已经成为能源安全的重大威胁。本章借助煤与瓦斯突出的研究手段,从突出-冲击耦合动力灾害的角度出发,进行了含瓦斯煤岩组合体的失稳破坏物理模拟,分析了含瓦斯煤岩组合体破裂的气固耦合控制机制及突出-冲击耦合动力灾害的发生条件,同时用数值模拟分析了物理模拟试验条件下含瓦斯煤岩组合体损伤与煤中瓦斯渗流耦合演化规律,旨在为煤岩瓦斯复合动力灾害的机理研究提供一定的理论参考。本章的主要结论如下:

(1) 本书试验条件下,突出-冲击耦合动力灾害发生后,在地应力、瓦斯压力、煤岩组合体结构的综合影响下,煤层和顶板岩层都会发生一定的变形破坏。灾害抛出的煤粉大部分都会抛在中远部区域,没有明显的分选性。

(2) 煤岩组合系统失稳破坏后,煤体所受应力从暴露面向煤层深处分别存在应力卸载区、应力集中区和原始应力区,垂直应力的峰值出现在暴露面附近的应力集中区。瓦斯压力在暴露面处为大气压,暴露面向煤层深处瓦斯压力急剧上升,在应力集中处达到最大,且高于煤层初始压力。

(3) 与突出相比,突出-冲击耦合动力灾害更易在相对低的瓦斯压力、相对高的煤层强度以及较小的顶板煤层强度差的条件下发生,但这些条件不能达到冲击地压的发生条件。对于突出-冲击耦合动力灾害,其他条件一致的情况下,较大的地应力下灾害的强度越大,带来的危害越大。

(4) 无论灾害类型为突出或者突出-冲击耦合动力灾害,随着瓦斯压力的增大,煤岩突出相对强度逐渐增大。突出发生瞬间,瓦斯压力急剧下降,但是在下降过程中呈现出阵发性特征。

7 深部含瓦斯煤岩组合体失稳诱发突出-冲击耦合动力灾害机制

前文分析了受载含瓦斯煤岩组合体损伤破坏及其煤中瓦斯渗流特征,阐明了受载含瓦斯煤岩组合体损伤与煤中瓦斯渗透演化机制,构建了煤岩组合体损伤与煤中瓦斯渗流气固耦合模型,利用物理模拟试验分析了含瓦斯煤岩组合体失稳诱发复合动力灾害发生条件与动力学响应特征,同时用数值模拟手段分析了物理模拟试验条件下含瓦斯煤岩组合体损伤与煤中瓦斯渗流耦合演化规律。为了便于后续的对比研究,本章首先从能量角度对本书绪论中提出的其他两种煤岩瓦斯复合动力灾害的发生机理及能量判别准则进行简单的分析。其次在前述章节的研究基础上,结合本书对含瓦斯煤岩组合体损伤与煤中瓦斯渗流耦合规律的研究,重点建立含瓦斯煤岩组合体损伤与煤中瓦斯渗流耦合失稳诱发突出-冲击耦合动力灾变能量判据,对深部含瓦斯煤岩组合体耦合失稳诱发复合动力灾害机制进行揭示,并结合现场典型案例对研究结果进行分析验证。最后,对深部煤岩瓦斯复合动力灾害的预测和防控策略进行分析和总结。

7.1 不同煤岩瓦斯复合动力灾害发生机理探讨

针对绪论中煤岩瓦斯复合动力灾害的分类,有必要弄清各类复合动力灾害的内在机理,而煤岩动力灾害实质上是能量耗散和能量释放的过程[9,35],从能量耗散的角度揭示动力灾害的发生机理是一种较为可行的方法。由本书对含瓦斯煤岩组合系统损伤及煤中瓦斯渗流耦合规律的研究及煤岩瓦斯复合动力灾害的分类可以看出,含瓦斯煤岩组合系统损伤及煤中瓦斯渗流耦合失稳对于诱发第三种复合动力灾害(突出-冲击耦合灾害)具有直接的诱导作用。虽然前两种动力灾害也属于复合灾害,但是从煤岩破坏及瓦斯渗流角度解释这两种复合动力灾害的发生机制不是本书的研究重点。因此,本书重点关注含瓦斯煤岩组合体损伤及煤中瓦斯渗流耦合失稳诱发突出-冲击耦合动力灾害。但是为了全面了解煤岩瓦斯复合动力灾害的发生机理,本节首先对冲击诱导突出型动力灾害和突出诱导冲击型动力灾害的发生机理和能量判别准则进行了分析,其次重点分析了含瓦斯煤岩组合体失稳诱发突出-冲击耦合动力灾害的发生机制及能量判据。

7.1.1 冲击诱导突出型动力灾害机理

7.1.1.1 发生机理

煤岩体受开采扰动发生冲击地压后,一方面,冲击释放的弹性能以动能的形式作用于工作面煤体[30],促使含瓦斯煤体裂纹裂隙不断发育,吸附瓦斯解吸膨胀,如果瓦斯压力较低,解吸瓦斯膨胀能不足以推动煤体发生突出,煤体仅发生开裂破坏,如果瓦斯压力较高则造成煤体的层裂,当大量解吸瓦斯在裂隙内迅速积聚并最终以承压风暴形式携带破碎煤体抛出时,意味着煤与瓦斯突出发生[9,224]。另一方面,冲击地压发生后,煤体的应力状态发生改变,煤体裂纹裂隙不断扩展,使得煤体抵抗变形的能力降低,且裂纹的扩展加大了煤体地应力潜能,促使煤体可能达到突出失稳的条件,发生煤与瓦斯突出[225]。

7.1.1.2 能量判别准则

煤与瓦斯突出发生与否由突出能量与耗散能量间的动态平衡决定,当煤体中储存的能量大于耗散能量时,发生煤与瓦斯突出[226]。煤与瓦斯突出的发动能量主要由弹性应变能 U 和瓦斯膨胀能 W_n 组成。冲击地压通过影响 U 和 W_n 对突出的发动起促进作用,从而诱发煤与瓦斯突出。蒋承林等[227-228]对煤与瓦斯突出过程中能量规律进行了深入研究,得出煤体突出的前提是煤体要先破碎,而破碎所需的能量来自地应力引起的弹性潜能。图 7-1 为冲击诱导突出型动力灾害能量准则图。

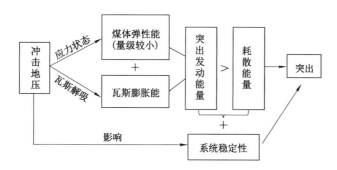

图 7-1　冲击诱导突出型动力灾害能量准则图

煤与瓦斯突出发动的能量条件如下:

$$U + W_n \geqslant E_u \tag{7-1}$$

式中,E_u 为煤体破碎和移动所消耗的能量,即耗散能量。因为这一小节中重点关注冲击地压如何影响突出发动的条件,所以 E_u 的组成不在本节考虑范围之内。

三向受力状态下的单位体积内弹性应变能可由广义虎克定理导出[229],即:

$$U_0 = \frac{1}{2E}\left[\sigma_1^2 + \sigma_2^2 + \sigma_3^2 - 2v(\sigma_1\sigma_2 + \sigma_2\sigma_3 + \sigma_1\sigma_3)\right] \tag{7-2}$$

式中,σ_1、σ_2、σ_3 分别为三个方向的主应力,MPa;E 为煤体的弹性模量,MPa;v 为煤体的泊松比。

瓦斯膨胀能由游离态的瓦斯气体膨胀所做的功 W_f 和煤体变形过程中部分吸附瓦斯转化为游离态的瓦斯膨胀所做的功 W_d 两部分组成,计算公式为[34,230]:

$$W_f = \frac{RT\rho_c V_f}{V(n-1)}\left[\left(\frac{p_0}{p}\right)^{\frac{n-1}{n}} - 1\right] \tag{7-3}$$

$$W_d = \frac{\rho_c RT_0 a}{V(n-1)}\left\{\left[\frac{n}{3n-2}\left(\frac{p_0}{p}\right)^{\frac{n-1}{n}} - 1\right]\sqrt{p} + \frac{2(n-1)}{3n-2}\sqrt{p_0}\right\} \tag{7-4}$$

$$W_n = \int dW = W_f + W_d = \frac{RT\rho_c V_f}{V(n-1)}\left[\left(\frac{p_0}{p}\right)^{\frac{n-1}{n}} - 1\right] +$$

$$\frac{\rho_c RT_0 a}{V(n-1)}\left\{\left[\frac{n}{3n-2}\left(\frac{p_0}{p}\right)^{\frac{n-1}{n}} - 1\right]\sqrt{p} + \frac{2(n-1)}{3n-2}\sqrt{p_0}\right\}$$

$$\tag{7-5}$$

式中,R 为气体常数,J/(mol·K);T 为瓦斯膨胀后的绝对温度,K;n 为多变过程指数;p_0 为瓦斯初始压力,Pa;p 为瓦斯膨胀后压力,Pa。其中,V 为瓦斯在标准状态下的摩尔体积,m³/mol;V_f 为游离瓦斯含量,m³/t;ρ_c 为煤体密度,t/m³;a 为瓦斯含量系数,m³/(t·Pa^0.5);由量纲分析,瓦斯膨胀功的量纲为 J/m³。

冲击释放的弹性能作用于工作面煤体,增加了促使煤体破坏的弹性能 U,同时,冲击地压产生的震动效应促使煤体裂纹裂隙不断发育,层理之间摩擦减小,增加地应力潜能(弹性能)的同时,促使吸附瓦斯解吸膨胀,使得瓦斯膨胀能 W_n 释放更加迅速,短时间内释放量更大;另一方面,将瓦斯膨胀视为多方过程,冲击地压发生后,煤体的应力状态发生改变,使得煤体抵抗变形的能力降低,煤体强度越小,则释放的弹性应变能 U 就越大,且假设 W_n 不变的情况下,煤体更加破碎,发生突出的可能性越大。

在这里需要说明的是,在这种灾害模式下,尽管 U 起到了一定的作用,但是 U 和 W_n 仍存在数量级上的差异,突出的发生仍然以瓦斯膨胀能为主。冲击地压的发生诱导了突出的产生,总体表现为复合灾害的特征。

7.1.2 突出诱导冲击型动力灾害机理

7.1.2.1 发生机理

本节主要考虑突出发生以后如何诱发冲击地压灾害。假设煤体受到采动影响在某一时刻发生突出,那么突出可能通过以下几个方面的作用诱导冲击地压的发生:

(1)突出发生时,煤中瓦斯解吸膨胀以及煤岩会发生剧烈破坏并释放弹性能,这个能量类似于矿山震动能,将以应力波的形式向围岩传播。传播过程中,将会对周围煤岩体产生应力扰动,从而形成动荷载[231]。应力波与接触到的巷道围岩相互作用,使得巷道围岩荷载增大,同时促使围岩内部裂纹扩展并在顶底板间诱发摩擦滑动,使得围岩承载能力降低,最终诱发围岩失稳[232]。

(2)突出发生后,煤层内煤体被抛出,顶板下沉,煤岩体进一步失稳,围岩应力重新分布,新应力状态下煤岩的极限储存能降低,弹性能发生转移和释放,加剧了煤体-围岩变形系统的非稳定平衡状态,可能促使顶板岩层突然断裂滑移和垮落,以致诱发冲击地压[34,233]。

(3)突出发生时,煤-瓦斯两相流以一定速度由突出孔洞中喷出,冲击和扰动巷道空间气体,形成有一定能量的冲击气流,这些冲击气流作用于煤岩体使其发生失稳破坏[234-235]。

7.1.2.2 能量判别准则

冲击地压的发生实质上也是能量耗散和能量释放的过程,而灾害发生瞬间以能量释放作为主要动力。在此,把煤与瓦斯突出从整体上看作一个外部扰动,当突出产生的外部扰动对煤岩系统影响有限、输入的能量以小涨落的形式通过系统的自组织调节被完全吸收时,系统保持稳定;当该外部扰动对煤岩系统影响很大,系统难以消化时,耗散结构将会遭到破坏,系统将发生突然失稳,诱发冲击地压[236],能量准则如图 7-2 所示。

煤岩体在原始静载作用下积累的弹性应变能是一个概念性泛函表达式,受地应力、采动应力场叠加的影响。把将要发生冲击地压的煤岩体视为研究对象,由于导致突出发生的扰动对这些煤岩体处已经产生了一定的影响,所以此时煤岩体已经不处于原始静载下,但是在突出诱发冲击地压之前,仍然可将这些煤岩体看作是稳定的,则煤岩体积累的弹性能如式(7-2)所示。

突出发生后,前述第一方面和第三方面的作用相当于对煤岩体施加扰动荷载,假设扰动荷载对区域做总功为 E_a。将 E_a 分为 E_w 和 E_c,E_w 是应力波所做功,E_c 为冲击气流所做功,且 $E_w \gg E_c$。

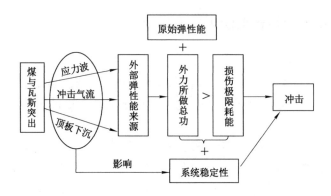

图 7-2　突出诱导冲击型动力灾害能量准则图

（1）设应力波通过半径为 r 的半球面，根据李夕兵等[237]对岩石在应力波作用下的能量耗散的研究，作用于单位体积煤岩体应力波能量 E_w 为：

$$E_w = 2\pi r^2 C_1 \left[(\lambda + 2G) \int_0^\tau \varepsilon_r^2(t)\mathrm{d}t + 3(\lambda + 2G) \int_0^\tau \varepsilon_r(t)\varepsilon_\theta(t)\mathrm{d}t \right] / V_w \qquad (7\text{-}6)$$

式中，C_1 为纵波速率；ε_r 为径向应变；ε_θ 为水平切向应变；λ 和 G 为拉梅常数；V_w 为应力波作用于煤岩体的体积。因此，知道了距离突出点（能量释放点）距离 r 处的切向和径向应变，即可求出弹性应力波能量 E_w。

（2）由于在突出诱导冲击灾害模式中，突出激发的过程不是研究的重点，故简单假设突出前单位煤体积里的弹性潜能和瓦斯膨胀能分别为 W_1 和 W_2，则突出后冲击气流的初始能量 E_c 可以表示为[235]：

$$E_c = \beta(W_1 + W_2) \qquad (7\text{-}7)$$

式中，E_c 为突出冲击气流的初始能量；β 为无量纲系数。

前述第二方面的作用中，顶板下沉导致弹性能发生转移和释放，假设转移到附近煤岩中的能量为 U_{11}，增加了 U 的大小，释放的弹性能 U_{12} 亦相当于一个动载扰动，增加了 E_a 的数值。由于弹性能 U_{11} 和 U_{12} 的作用都是增加将要发生冲击的煤岩体系统的能量，所以，将顶板下沉导致弹性能释放和转移的能量视为一个整体 U_1，这里，将顶板下沉作简化处理，设顶板重心产生的垂直位移为 c_1，顶煤重心产生的垂直位移为 c_2，忽略岩层破断角的影响，顶板重力势能做功为[238-239]：

$$W_3 = \gamma_z h_r b c_1 / V_1 \qquad (7\text{-}8)$$

同理，顶煤重力势能做功为：

$$W_4 = \gamma_h h_c b c_2 / V_2 \qquad (7\text{-}9)$$

则：

$$U_1 = W_3 + W_4 \tag{7-10}$$

式中，b 为顶板以及顶煤宽度，m；h_r 为顶板厚度，m；h_c 为顶煤厚度，m；V_1 为顶板体积，m³；V_2 为底板体积，m³；γ_z 为直接顶容重，MN/m³；γ_h 为顶煤容重，MN/m³。

由煤岩体动力破坏的最小能量原理[240-241]可知，煤岩动力破坏发生后，煤岩破裂面的应力状态会瞬间从三向应力状态转变为单向应力状态。这个过程中煤岩破坏所需要消耗的能量自然就是单向应力状态煤岩破裂的能量，假设煤岩系统的损伤极限耗能为 U_{fmin}（层状储能结构或者叫煤岩渐进破坏所需能量），则：

$$U_{fmin} = \sigma_c^2/2E \tag{7-11}$$

或：

$$U_{fmin} = \tau_c^2/2E \tag{7-12}$$

综上所述，煤岩体系统失稳能量判别准则为：

$$Q = U + E_w + E_c + W_3 + W_4 = U + E_a + U_1 \tag{7-13}$$

$$E_r = Q - U_{fmin} \geqslant 0 \tag{7-14}$$

式中，Q 为外力对系统做的总功；E_r 为剩余能量。需要说明的是，在这种灾害模式下，冲击地压发生过程中煤岩体的瓦斯内能基本不起太大的作用，瓦斯内能与其他能量形式仍然存在数量级上的差别。

7.1.3 深部含瓦斯煤岩组合体失稳诱发突出-冲击耦合灾害条件及能量判据

7.1.3.1 灾害条件

受开采等扰动影响，处于临界状态的煤岩组合体变形系统开始失稳，煤岩体释放弹性应变能，同时，孔隙和裂隙中积聚的大量解吸瓦斯释放瓦斯膨胀能，对煤体产生拉伸破坏作用，煤体破坏同时会对接触的岩体的弹性能释放起到促进作用，当煤岩组合体的弹性能和瓦斯膨胀能同时释放时，发生突出-冲击耦合动力灾害[6]。

突出-冲击耦合灾害是由于含瓦斯煤岩组合体失稳诱发的，而含瓦斯煤岩组合体失稳是典型的流固耦合力学失稳现象，与瓦斯压力、地应力和煤岩组合系统的力学性质密切相关。由本书对含瓦斯煤岩组合体三轴力学试验及物理模拟试验的结果可以看出，突出-冲击耦合动力灾害是介于煤与瓦斯突出与冲击地压两者之间的新的灾害类型，它是在一定瓦斯压力、地应力和煤层及顶板强度的范围之内发生的，在这些参数的范围之外就会过渡到单一的煤与瓦斯突出或冲击地压灾害，并且煤与瓦斯突出和冲击地压灾害并没有完全严格的界限。由于突出-

冲击耦合动力灾害发生条件的复杂性及各个条件之间的相互作用,找到灾害发生的临界瓦斯压力、临界地应力及临界的煤岩组合体物理力学性质是困难的。尽管如此,本书仍然从试验角度研究了瓦斯压力、顶板和煤层强度、地应力等因素对突出-冲击耦合动力灾害发生的影响,综合分析了煤与瓦斯突出与冲击地压之间过渡所要满足的物质条件。对于瓦斯压力条件来说,过大的瓦斯压力反而不利于突出-冲击耦合动力灾害的发生,而是更有利于突出的发生。对于地应力条件来说,在满足特定的条件下,三种灾害都是随着地应力的增大而增强。在煤与瓦斯突出或者冲击地压向突出-冲击耦合动力灾害过渡的过程中,在其他条件一致的情况下,较大的地应力更有利于突出-冲击耦合动力灾害的发生。对于煤岩体来说,在其他条件一致的情况下,较大的煤体强度更有利于突出-冲击耦合动力灾害的发生。较高的顶板煤层强度差并不利于突出-冲击耦合动力灾害的发生。因此,煤与瓦斯突出危险性煤层通常是高瓦斯压力、低强度煤层以及高地应力的有机组合。而冲击地压通常是高强度煤、低瓦斯压力、坚硬顶板以及高地应力的有机组合。与突出相比,突出-冲击耦合动力灾害更易在相对低的瓦斯压力、相对高的煤层强度以及较小的顶板煤层强度差的条件下发生,但这些条件不能达到冲击地压的发生条件。

通过本书研究可知,含瓦斯煤岩组合系统的动态破坏失稳是判别突出-冲击耦合动力灾害发生的依据。然而,含瓦斯煤岩组合系统的动态破坏失稳是一个极其复杂的流固耦合现象。而且不同于煤与瓦斯突出和冲击地压这些单一的灾害,它的发生需要将这两种灾害综合起来进行考虑。由于这两种单一灾害的力学判据还未完全弄清,目前难以给出突出-冲击耦合动力灾害发生的直接临界量化力学判据,这是我们未来研究的重点。但是我们知道,煤岩动力灾害实质上是能量耗散和能量释放的过程,从能量耗散的角度对动力灾害的发生条件进行分析,从而获得半定量的灾害判定标准也是一种较为可行的方法。因此,下文从能量角度对突出-冲击耦合动力灾害发生的能量判据进行分析和探讨。

7.1.3.2 能量判据

从能量的角度分析,突出-冲击耦合动力灾害的发生是煤岩组合体中能量持续集聚至煤岩组合体发生动力失稳的过程,也是集聚的能量超出了煤岩组合系统所能储存的极限能量的过程。对于煤岩组合体系统来说,灾变过程中的能量包括煤体和岩体的弹性能、煤中游离瓦斯膨胀能和吸附瓦斯膨胀能、煤体破碎功及岩石损伤断裂能。

由上文研究直接可以表示出煤体和岩体的弹性能依次为:

$$U_r = \frac{1}{2E}\left[\sigma_1^2 + \sigma_2^2 + \sigma_3^2 - 2v(\sigma_1\sigma_2 + \sigma_2\sigma_3 + \sigma_1\sigma_3)\right] \tag{7-15}$$

$$U_c = \frac{1}{2E}[\sigma_1^2 + \sigma_2^2 + \sigma_3^2 - 2v(\sigma_1\sigma_2 + \sigma_2\sigma_3 + \sigma_1\sigma_3)] \tag{7-16}$$

式中，U_r 为岩体弹性能；U_c 为煤体弹性能。在此处需要说明的是，从上式可以看出，弹性模量较小的煤体集聚的弹性能要比岩体集聚的能量大得多。但是不同于以往的对于突出的能量分析，由于突出-冲击耦合灾害的发生是突出和冲击相互诱发、相互耦合而引起的，岩体中的能量与煤体中的能量释放并不是孤立存在的，而是几乎同时释放并且会相互影响。因此在含瓦斯煤岩组合体失稳诱发复合动力灾害的能量分析中，必须将两者都考虑进来，缺一不可。并且由本书研究可知，有些突出-冲击耦合动力灾害的矿井顶板强度与煤体强度并没有数量级的差别，所以双方的弹性能都不能忽略。

煤体内瓦斯膨胀能和损伤极限耗能参考式(7-5)和式(7-11)。

煤体的破碎功是煤体的破碎导致的表面能的增加，与煤体的破碎比功和新增的比表面积成正比，根据前人大量研究可以得出单位体积煤体破碎功如式(7-17)所示[183,201,242]：

$$E_b = s_b w_b \rho_b \tag{7-17}$$

式中，s_b 为新增的比表面积，cm^2/g；w_b 为煤体的破碎比功，J/cm^2；ρ_b 为煤体密度。

我们知道，新增的比表面积以及煤体的破碎比功比较复杂，难以直接测定。蔡成功等[242]通过实验研究给出了新增的比表面积的大致范围：$113\sim525\ cm^2/g$，在这里为了便于计算，取煤的新增比表面积为 $100\ cm^2/g$，则得到破碎比功与坚固性系数关系为：

$$w_b = 10.43 \times 10^{-3} f \tag{7-18}$$

因此，最终破碎功的表达式可以简化为：

$$E_b = 10.43 \times 10^{-3} f s_b \rho_b \tag{7-19}$$

本书将煤岩组合体中煤体和岩体的弹性能与煤中瓦斯膨胀能之和定义为灾害发动能，将煤体破碎及岩体断裂所需的能量定义为灾变耗散能。若煤岩组合体系统中灾害发动能小于耗散能时，认为整个系统处于稳定状态，若煤岩组合体系统中灾害发动能量大于耗散能量时，认为整个系统处于不稳定状态，而当两者相等时整个系统则处于临界状态，则含瓦斯煤岩组合体失稳诱发突出-冲击耦合动力灾害的能量判据为：

$$J_0 = \frac{\int_{V_{fc}} (U_c + W_f + W_d) + \int_{V_{fr}} U_r}{\int_{V_{fc}} E_b + \int_{V_{fr}} U_{fmin}} > 1 \tag{7-20}$$

式中，V_{fc} 为破碎煤体的体积；V_{fr} 为岩体的损伤体积。

以本书较大尺度的物理模拟试验和相对应的数值模拟为背景,选取具有典型复合灾害特征的组数进行煤岩体破坏过程中各种能量的计算,结果如表7-1所示。

表7-1　含瓦斯煤岩组合体失稳诱发突出-冲击耦合动力灾害发生能量计算

序号	顶板弹性能 /(MJ·m^{-3})	煤体弹性能 /(MJ·m^{-3})	游离瓦斯能 /(MJ·m^{-3})	吸附瓦斯能 /(MJ·m^{-3})	破碎功 /(MJ·m^{-3})	断裂能 /(MJ·m^{-3})
1#	1.696×10^{-3}	2.188×10^{-3}	0.129 9	0.150 4	0.233 6	2.418×10^{-4}
2#	1.696×10^{-3}	2.188×10^{-3}	0.218	0.106 9	0.233 6	2.418×10^{-4}
5#	1.696×10^{-3}	1.964×10^{-3}	0.244	0.103	0.292	2.418×10^{-4}
6#	1.313×10^{-3}	1.964×10^{-3}	0.218	0.106 9	0.292	3.001×10^{-4}
7#	6.268×10^{-3}	9.486×10^{-3}	0.244	0.103	0.292	2.418×10^{-4}

从表中对单位体积的能量计算可以看出,这5组呈现出复合动力灾害特征的试验和数值模拟中,煤体单位体积的弹性能与瓦斯内能的总和大于煤体单位体积的破碎功,岩体(顶板)单位体积的弹性能均大于断裂能。那么由式(7-20)可以看出,破碎煤体体积下的煤体弹性能与瓦斯内能的总和大于煤体的破碎功,断裂岩体(顶板)体积下的弹性能均大于断裂能,因此煤岩组合系统总的灾害潜能均大于耗能,从而验证了上文建立的灾害能量判据的合理性。值得注意的是,从表中还可以看到,根据前人对于煤与瓦斯突出能量判据的研究,如果不考虑煤岩组合结构,仅仅考虑煤体中能量的集聚和耗散,则这5组试验中瓦斯能之和也均大于灾害耗能,说明这5组也满足煤与瓦斯突出的发动条件。这正是本书对研究复合动力灾害一直强调的重点所在,即突出-冲击耦合动力灾害是瓦斯与煤岩组合体系统满足能量失稳条件的情况下发生的,它的发生一定是瓦斯与组合体结构相互影响所引起的,如果不考虑组合体结构而单纯的考虑煤体,就会进入研究煤与瓦斯突出能量判据的误区,计算出来的能量是为研究煤与瓦斯突出所服务的,对研究突出-冲击耦合动力灾害的发生机理就会失去意义。实际上,在突出-冲击耦合动力灾害的能量研究中,尽管煤体弹性能与顶板弹性能相对瓦斯内能非常小,但是由于瓦斯能的释放会影响组合体结构的失稳,反过来组合体结构的失稳也会影响瓦斯能的释放,因此在突出-冲击耦合动力灾害的能量判据中,这两者的作用缺一不可,这与煤与瓦斯突出研究中忽略顶板弹性能的思路不能混为一谈。

7.1.4　深部含瓦斯煤岩组合体失稳致灾机制

随着采掘的推进,在采动或扰动的作用下前方含瓦斯煤岩组合体受力状态发生改变,在环向卸压及垂向应力集中的影响下,含瓦斯煤体组合体的弹性模量和强度等物性参数降低,一方面使得煤岩组合系统储存的弹性能增加,降低了煤体的破碎所需要的能量。另一方面提高了煤体内原有的瓦斯压力梯度,高的瓦斯压力梯度加速了煤体的裂隙扩展,促使吸附瓦斯快速解吸和渗流。吸附瓦斯快速解吸和渗流使得煤体的有效应力增加,表现为对煤体具有拉伸破坏作用,使得煤体部分加速破裂。在改变的瓦斯流动状态和改变的受力状态相互耦合作用下,煤体部分达到极限抗压强度后发生失稳破坏,同时煤体破坏会在接触面扩展到岩体部分,而岩体破坏释放弹性能更加促使煤体破坏及瓦斯流动状态的变化。最终,当煤岩组合体的弹性能和瓦斯膨胀能同时快速释放时,灾害发动能瞬间大于灾害耗散能,在应力、瓦斯和煤岩组合结构相互作用下含瓦斯煤岩组合系统整体失稳诱发突出-冲击耦合动力灾害。深部含瓦斯煤岩组合系统失稳致灾机制如图 7-3 所示。

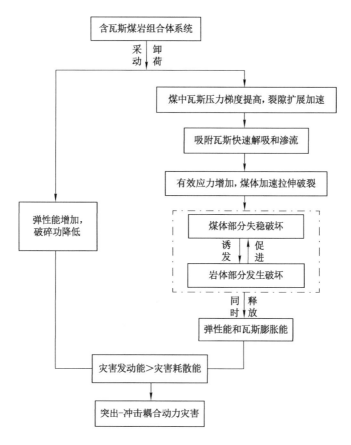

图 7-3 深部含瓦斯煤岩组合体失稳诱发复合动力灾害机制示意图

7.2 煤岩突出-冲击耦合动力灾害现场案例分析

7.2.1 事故概况

2011年9月29日,陕西韩城矿务局下峪口煤矿2-2采区2#煤输送机巷掘进工作面发生了一起严重的煤岩瓦斯动力灾害事故,事故导致当班的3名作业人员死亡。2#煤层是下峪口煤矿三个主采煤层之一,煤层较薄,一般小于1 m,煤层埋深约为550 m。煤层顶板为复合型顶板,较为破碎,容易破坏。煤层瓦斯含量在4.8~14.6 m³/t之间,整个区域煤层瓦斯压力不超过0.78 MPa,为低透气性煤层,煤体强度在不同区域差异非常明显。此次动力灾害中,煤岩抛出距离较短,抛出煤岩量大约45 m³,煤岩堆积角约为55°,且抛出煤岩多为块状且无明显的分选特征。涌出瓦斯量大约400 m³,动力灾害发生时工作面的最大瓦斯浓度达到2.7%,回风流中的最大瓦斯浓度达到3.2%。顶底板出现少量破断现象,并且灾害发生过程中伴有冲击动力现象。根据当班后方工作面工作人员描述,动力现象发生时,井巷中风筒晃动异常明显并且能感受到强烈的冲击作用。

通过本次灾害的动力现象特征我们可以看出,此次事故不是一起典型的煤与瓦斯突出事故,更不是一起典型的冲击地压事故。灾害特征既表现出煤与瓦斯突出的部分特征又表现出冲击地压的部分特征。由于对煤岩瓦斯复合灾害的认识不足及重视度不够,当时乃至目前,全国很少有煤矿按照煤岩瓦斯复合灾害矿井进行安全管理,因此当时事故发生后初步被认定为煤与瓦斯突出事故[243]。但是根据后来学者的研究[244-246]以及本书的研究可知,此次事故是一起煤岩突出-冲击耦合动力灾害事故。

7.2.2 事故分析

事故发生在埋深大约为550 m的煤层及其围岩中,这个深度下,在较大的地应力作用下,煤岩会集聚大量的弹性能。本次事故地点的实测瓦斯压力小于0.4 MPa,远小于0.74 MPa的突出临界值。在顶底板的加持以及高地应力的作用下,煤层渗透率较低,透气性较差,使得煤层中具有较大的瓦斯压力梯度。根据矿井井下考察结果得知,事故地点煤层强度相对较高,破坏类型一般为Ⅱ类。煤层顶板一般为粉砂岩或泥质粉砂岩,强度相对较低,因此煤岩组合体中煤体和岩体强度差并不是非常大。事故地点构造比较简单,未见明显的断裂构造,煤层顶底板局部出现小断层。以上"硬件"条件既不满足煤与瓦斯突出的条件也不满足冲击地压的条件。但是根据本书的研究可知,上述条件已满足煤岩瓦斯复合动力灾害的物质基础。

在采掘作用下,2-2 采区 2#煤输送机巷中原有的高应力在垂直方向更加集中,而在水平方向受到卸围压的作用,煤岩组合系统所受的应力梯度增大。虽然煤层瓦斯压力为 0.4 MPa,但是在增大的应力集中作用下,在煤岩还未发生失稳前,煤层局部瓦斯压力增大,使得瓦力压力梯度提高。煤中高的瓦斯压力梯度加速了煤体的裂隙扩展,促使吸附瓦斯快速解吸和渗流。吸附瓦斯快速解吸和渗流加速了煤体的弱化和破裂过程。煤体部分失稳破坏的同时诱导岩体部分发生损伤破坏,岩体部分的失稳又会推动煤体部分的失稳破坏,煤岩组合体中弹性能和瓦斯膨胀能同时快速释放,使得煤岩组合体瞬间失稳破坏。最终,在煤岩组合体损伤破坏及煤中瓦斯渗流耦合作用下突出-冲击耦合动力灾害发生。通过上述典型的煤岩瓦斯复合动力灾害的案例分析可以看出,本书提出的含瓦斯煤岩组合体系统失稳诱发煤岩瓦斯复合动力灾害机制是合理的。

7.3 煤岩瓦斯复合动力灾害综合预测与防治策略

7.3.1 煤岩瓦斯复合动力灾害综合预测技术

国内众多学者对煤岩瓦斯复合动力灾害的预测和防治技术方面进行了一些富有成效的研究。针对复合动力灾害的预测,潘一山[6]提出了将钻屑法多指标一体化检测、煤体温度实时连续监测(图 7-4)和煤体电荷实时连续监测等三种方法相结合的一体化预测手段,并在平顶山等矿区进行了推广和应用。罗浩等[247]选取了 5 种危险性评价指标,利用改进的层次分析法建立了煤岩动力灾害综合预测模型(图 7-5)。袁瑞甫[33]和孟贤正等[38]提出通过对突出和冲击两种灾害进行综合检测,选取煤粉钻屑量 S、钻孔瓦斯涌出初速度 q、瓦斯解吸量 Q_3 作为复合动力灾害综合检测的指标。吴凯[248]通过现场研究和理论分析,提出了复合灾害局部危险性综合预测指标体系,其中包括 3 个主要指标和 2 个辅助指标。高保彬等[11]指出近年来逐渐发展起来了非接触式连续预测法和数学方法预测动力灾害的发生。同时,复合动力灾害的区域危险性综合预测手段也开始受到重视。

我们认为,煤岩瓦斯复合动力灾害的预测应建立一套综合煤与瓦斯突出预测指标和冲击地压指标的一体化预测指标体系。根据本书的研究可以看出,一方面,煤岩瓦斯复合动力灾害发生的各项预测指标的门槛都可能"低于"单独的煤与瓦斯突出或者冲击地压所对应的指标。另一方面,煤岩瓦斯复合动力灾害影响因素众多,发生机理非常复杂,并且灾害发生后的显现特征差异很大,这使得煤岩瓦斯复合动力灾害的预测更加困难。这里需要重点强调的是,根据本书

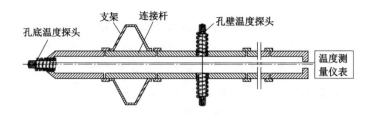

图 7-4　煤体温度实时连续监测系统示意图[6]

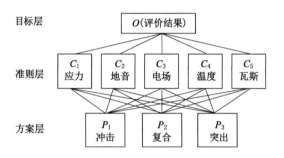

图 7-5　煤岩动力灾害多指标危险性评价模型[247]

对含瓦斯煤岩组合体的系统研究,我们可以看出含瓦斯煤岩组合体和单煤体力学及渗透特性的显著差异,因此对于冲击地压预测指标的收集和处理过程中,对冲击倾向性的测定应针对含瓦斯煤岩组合体这一对象,综合考虑采矿结构(含瓦斯煤岩组合系统)对冲击倾向性的影响。综上,完全可以利用大数据和深度学习技术对矿井安监系统采集到的海量的数据以及现场和实验室测得的各项突出预测指标数据和冲击地压预测指标数据进行计算、处理、挖掘和预警,实现地面与井下的交互和无缝连接,达到对煤矿瓦斯复合动力灾害的实时精准预测的目的[249-250]。

7.3.2　煤岩瓦斯复合动力灾害综合防治策略

针对复合灾害的防治技术研究,耿友明[251]对某矿705工作面煤层的冲击突出复合型动力灾害危险性进行了分析,提出了应用高压水射流旋转割煤一体化技术对复合灾害进行防治的方法。尹斌等[252]针对复合型动力灾害的防治也提出了多种防治技术,对复合动力灾害一体化防治技术进行了详细的研究。袁瑞甫[33]建议对煤岩瓦斯复合动力灾害的防治应包含区域措施和局部措施。其中,区域措施主要指保护层开采,局部措施主要指增透卸压。张建国[253]根据深部矿井动力灾害统一灾变机制,提出了平顶山矿区煤岩动力灾害统一防治技术,其中包括水驱气注水、水力压裂、深孔卸压爆破三种方法。齐庆新等[254]根据多尺度分源防控的思路,针对煤与瓦斯突出和冲击地压两种不同灾害的主体,提出了横切纵断卸荷消能一体化防控技术(图 7-6)和一孔变径"卸压-抽采-注水"一体化防控技术(图 7-7)。

图 7-6　横切纵断卸荷消能一体化防控技术[254]

图 7-7　一孔变径"卸压-抽采-注水"一体化防控技术[254]

　　按照本书对煤岩瓦斯复合动力灾害的分类及相应的机理和能量准则分析,进行煤岩瓦斯复合动力灾害防治时,仅采取单一的防治措施势必无法达到预期的防治效果。无论是哪种复合动力灾害模式,必须将消减瓦斯内能和释放煤岩弹性能的措施并举,对不同的复合动力灾害采取有针对性的一体化防治策略[6,255]。根据过往大量的研究可知,对于典型煤岩动力灾害来说,消减瓦斯内能的措施大体上包括保护层开采、瓦斯抽采、煤层注水、水力压裂和深孔爆破等技术[123-124,253,256-261]。释放弹性能的措施大体上包括保护层开采、煤层注水、水力压裂、卸压爆破和可缩性吸能让位支护等技术[262-264]。由此可以看出,有很多措施既可以达到消减瓦斯内能的目的又可以对弹性能进行释放。根据将消减瓦斯内能和释放煤岩弹性能的措施并举防治煤岩瓦斯复合动力灾害的思路,这些相通的措施应该重点作为现场防治煤岩瓦斯复合动力灾害的防治手段,并根据不同的复合灾害类型辅助以针对性的防治措施[6,254,265]。对于冲击诱导突出型动力灾害,应重点采取释放煤岩弹性能的措施,辅助以消减瓦斯内能的措施;对于突出诱导冲击型动力灾害,应重点采取消减瓦斯内能的措施,辅助以释放煤岩弹性能的措施；对于突出-冲击耦合动力灾害，就需要结合消减瓦斯内能和释放煤岩弹性能的措施，根据矿井实际条件，尽可能地将两种措施并重进行一体化防治。

7.4 本章小结

本章首先从能量角度对本书绪论中提出的其他两种煤岩瓦斯复合动力灾害的发生机理及能量判别准则进行了简单的分析。其次在前述章节的研究基础上，结合本书对含瓦斯煤岩组合体损伤与煤中瓦斯渗流耦合规律的研究，重点建立了受载含瓦斯煤岩组合体失稳诱发复合动力灾变能量判据，对受载含瓦斯煤岩组合体耦合失稳诱发复合动力灾害机制进行了揭示，并结合现场典型案例对研究结果进行了分析验证。最后，对煤岩瓦斯复合动力灾害的预测和防控策略进行了分析和总结，得出的结论和认识如下：

（1）突出发生后通过3个方面的综合作用诱导冲击地压的产生；冲击地压发生后通过2个方面的综合作用诱导突出的产生；突出-冲击耦合动力灾害中，蓄能的弹性变形区煤岩与储存的瓦斯同时释放能量，突出和冲击两种灾害互为共存、互相影响、相互复合。

（2）得到了含瓦斯煤岩组合体失稳诱发复合动力灾害机制及能量判据。在采动影响下含瓦斯煤岩组合体受力状态发生改变，一方面使得煤岩组合系统储存的弹性能增加，破碎功降低。另一方面提高了煤体内原有的瓦斯压力梯度，加速了煤体的裂隙扩展，促使吸附瓦斯快速解吸和渗流，进而使得煤体部分加速破裂。当煤体部分达到极限抗压强度后发生失稳破坏，在接触面扩展到岩体部分，而岩体破坏释放弹性能更加促使煤体破坏及瓦斯流动状态的变化，最终，当煤岩组合体的弹性能和瓦斯膨胀能同时快速释放时，灾害发动能瞬间大于灾害耗散能，系统整体失稳诱发突出-冲击耦合动力灾害。

（3）完全可以利用大数据和深度学习技术对矿井安监系统采集到的海量的数据以及现场和实验室测得的各项突出预测指标数据和冲击地压预测指标数据进行计算、处理、挖掘和预警，实现地面与井下的交互和无缝连接，达到对煤矿瓦斯复合动力灾害的实时精准预测的目的。建议采用消除瓦斯内能和降低煤岩体弹性能两类措施并举的煤岩瓦斯复合动力灾害一体化防治策略。对于冲击诱导突出型动力灾害，应重点采取释放煤岩弹性能的措施，辅助以消减瓦斯内能的措施；对于突出诱导冲击型动力灾害，应重点采取消减瓦斯内能的措施，辅助以释放煤岩弹性能的措施；对于突出-冲击耦合动力灾害，就需要结合消减瓦斯内能和释放煤岩弹性能的措施，根据矿井实际条件，尽可能地将两种措施并重进行一体化防治。

8 结论与展望

8.1 主要结论

随着煤矿进入深部开采,煤岩瓦斯复合动力灾害日趋严重。本书以煤岩突出-冲击耦合动力灾害发生机制为出发点,以受载含瓦斯煤岩组合体为主要研究对象,综合采取试验测试、理论分析、物理模拟和数值计算相结合的方法,试验研究了受载含瓦斯煤及煤岩组合体损伤破坏及煤中瓦斯渗流特征,分析提取了含瓦斯煤岩组合体失稳破坏前兆特征。分析了含瓦斯煤岩组合体力学破坏机制,推导了煤岩组合体影响下煤中瓦斯渗流模型,建立了含瓦斯煤岩组合体损伤与煤中瓦斯渗流气固耦合模型。进行了受载含瓦斯煤岩组合体损伤与煤中瓦斯渗流耦合失稳致灾物理模拟试验,分析了灾害发生条件与动力学响应特征,同时进行了数值模拟,分析了物理模拟试验条件下含瓦斯煤岩组合体损伤与煤中瓦斯渗流耦合演化规律。建立了煤岩瓦斯复合动力灾害的分类体系,并探讨了每种灾害的发生条件及能量准则,对含瓦斯煤岩组合系统失稳过程中的能量积聚与耗散规律进行了分析,建立了含瓦斯煤岩组合系统失稳诱发突出-冲击耦合动力灾变能量判据,从而揭示了深部受载含瓦斯煤岩组合体耦合失稳诱发复合动力灾变机制。本书的主要研究结论如下:

(1) 随着开采深度的加大,煤岩瓦斯复合动力灾害发生频率增大,但是在特定的应力、瓦斯和煤岩体的条件下,浅部煤层仍然具有很大的煤岩瓦斯复合动力灾害的威胁。根据灾害诱因及其作用时序,将煤岩瓦斯复合动力灾害划分为冲击诱导突出型动力灾害、突出诱导冲击型动力灾害、突出-冲击耦合动力灾害。区分煤岩瓦斯复合动力灾害类型时,要充分利用灾害发生前煤岩体的基本特征参数(瓦斯、应力、煤质)、矿震定位系统和瓦斯监测系统以及灾害发生后的显现特征综合进行判断。

(2) CH_4 和 CO_2 在煤中的渗透率变化规律存在许多相似之处。两者渗透率随气体压力的变化规律都是由吸附膨胀、有效应力和 Klinkenberg 效应所控制。两者渗透率的演化规律都可以用 WZ 模型相对比较好地来拟合。达西稳态法测渗透率过程中,系统达到稳态所用时间随气体压力的增大呈非线性递增关系,具有典型的类 Langmuir 特征。二氧化碳系统达到稳态所用时间多于甲烷,且围压越大,系统达到稳态所用时间越长。

(3)煤体渗透率与温度的关系较为复杂,温度通过影响煤体的膨胀收缩、气体分子动力学、吸附解吸等方面对渗透率产生影响,最终的渗透率取决于起主导作用的方面。在温度的影响下,CH_4 和 CO_2 的渗透率随着瓦斯压力的增大都呈现出类似的分段特征,并且两者在稳态法测渗透率试验中达到渗流稳态所需时间都呈现出相似的特征。

(4)单轴加载试验中,原煤试样、泥岩、砂岩、煤与泥岩组合体和煤与砂岩组合体主要发生脆性破坏,五种试样的应力-应变曲线均经历了裂隙压缩、弹性变形、塑性变形、应变软化和塑性流动五个阶段。峰值应力结束后,应力存在明显的"应力下降"现象,且不同的试件有不同的下落速度:砂岩>泥岩>煤与砂岩组合体>煤与泥岩组合体>煤。三轴加载试验中,随着围压的升高,原煤试样、煤与泥岩组合体和煤与砂岩组合体的强度均增大,出现明显的延性破坏特征,弹性模量的变化规律并不明显,但整体上具有增大的趋势。三种试件的承载强度以及弹性模量均随瓦斯压力的增大而减小。煤岩组合体的承载强度介于岩体与煤体之间,且煤与砂岩组合体的强度大于煤与泥岩组合体。

(5)在围压作用下,煤样破坏特征简单,破裂面相对单一,破坏模式总体以剪切破坏为主。三轴力学加载试验中,各种围压条件下的含瓦斯煤岩组合体发生破坏的区域主要是出现在煤体部分。但是在一定的条件下,煤体破坏产生的裂纹也会扩展到接触到的岩石部分,形成贯穿裂纹。含瓦斯煤以及煤岩组合体强度特征均符合莫尔-库仑强度准则,随着瓦斯压力的增加,峰值强度和残余强度有减小的趋势,随着围压的增加,残余强度呈现出增大的趋势。在不同的应力以及瓦斯压力条件下,含瓦斯煤和煤岩组合体的渗透率变化规律不同。煤岩体内裂纹的发生和扩展不仅影响着煤体以及煤岩组合体的宏观应力-应变特征,还决定了其渗透率演化特征。

(6)煤与砂岩组合体在两种卸荷方案下的峰值应变都小于常规三轴。常规加载中,试件破坏点对应的环向应变与轴向应变的比例平均值在 1.4 左右,卸围压方案中,试件破坏点对应的环向应变与轴向应变的比例平均值在 1.6 左右,而复合加卸载方案中,试件破坏点对应的环向应变与轴向应变的比例平均值在 2.5 左右,并且在三种应力路径中,煤岩组合体在加卸载试验中侧向变形最大,表现出剧烈的损伤扩容特性。卸围压条件或者复合加卸载条件下,煤与砂岩组合体的内摩擦角增加,黏聚力降低,承载强度降低。与卸围压相比,复合加卸载条件下,组合体中煤体部分更易发生变形破裂,破坏程度也更为强烈,往往同时并存有轴向张性破裂面和剪性破裂面。

（7）含瓦斯煤和煤岩组合体在三轴加载的整个阶段都伴随着声发射信号的产生，在加载初期，存在少量的声发射信号。在弹性变形阶段，声发射信号增加。进入屈服阶段后，试件损伤并释放出较强的声发射信号。煤样一旦进入断裂破坏阶段，就会形成宏观的断裂面，发生损伤和破坏，应力迅速下降，伴随声发射信号的急剧增强，瞬间声发射计数和破坏能量均达到最大。

（8）在低围压下，煤岩组合体声发射信号分布特征更类似于煤体的连续分布特征，但又由于强度高于单体煤，因此破坏所需要的时间以及破坏过程的损伤程度都要大于单体煤。而在高围压下，煤岩组合体声发射信号分布特征更类似于岩石的脉冲分布特征，相对于单体煤，强度更大的煤岩组合体的累积损伤减小的更多。煤与泥岩组合体的累积计数和累计能量高于煤与砂岩组合体。三种试件在不同的应力路径下的声发射累积计数和累积能量都随着围压的增大而减小，随着瓦斯压力的增大而增大。复合加卸载路径下声发射累积计数和累计能量最大，其次是卸围压，最后是常规三轴加载。

（9）在含瓦斯煤岩组合体变形破坏过程中，煤体和岩体部分在水平方向会产生不协调变形量，从而在各自的界面处产生了附加应力的作用，这是含瓦斯煤岩组合体的损伤破坏异常复杂的根本原因。实际采矿过程中，随着轴压的增加，岩石接触面的抗压强度减小但仍大于远离接触面的煤体的抗压强度，接触面煤体的抗压强度增加但仍小于远离接触面岩石的抗压强度。理论破坏形式以煤体破坏为主，部分情况下才会引发岩体的局部破坏。

（10）本书物理模拟试验条件下，突出-冲击耦合动力灾害发生后，在地应力、瓦斯压力和煤岩组合体结构的综合影响下，煤层和顶板岩层都会发生一定的变形破坏。灾害抛出的煤粉大部分都抛在了中远部区域，没有明显的分选性。煤岩组合系统失稳破坏后，煤体所受应力从暴露面向煤层深处分别存在应力卸载区、应力集中区和原始应力区，垂直应力的峰值出现在暴露面附近的应力集中区。瓦斯压力在暴露面处为大气压，暴露面向煤层深处瓦斯压力急剧上升，在应力集中处达到最大，且高于煤层初始压力。

（11）与突出相比，突出-冲击耦合动力灾害更易在相对低的瓦斯压力、相对高的煤层强度以及较小的顶板煤层强度差的条件下发生，但这些条件不能达到冲击地压的发生条件。对于突出-冲击耦合动力灾害，其他条件一致的情况下，较大的地应力下灾害的强度越大，带来的危害越大。无论灾害类型为突出或者复合灾害，随着瓦斯压力的增大，煤岩突出相对强度逐渐增大。灾害发生瞬间，瓦斯压力急剧下降，但是在下降过程中呈现出阵发性特征。

（12）得到了含瓦斯煤岩组合体失稳诱发复合动力灾害机制及能量判据。

在采动影响下含瓦斯煤岩组合体受力状态发生改变，一方面使得煤岩组合系统储存的弹性能增加，破碎功降低。另一方面提高了煤体内原有的瓦斯压力梯度，加速了煤体的裂隙扩展，促使吸附瓦斯快速解吸和渗流，进而使得煤体部分加速破裂。当煤体部分达到极限抗压强度后发生失稳破坏，在接触面扩展到岩体部分，而岩体破坏释放弹性能更加促使煤体破坏及瓦斯流动状态的变化，最终，当煤岩组合体的弹性能和瓦斯膨胀能同时快速释放时，灾害发动能瞬间大于灾害释放能，系统整体失稳诱发突出-冲击耦合动力灾害。

（13）完全可以利用大数据和深度学习技术对矿井安监系统采集到的海量的数据以及现场和实验室测得的各项突出预测指标数据和冲击地压预测指标数据进行计算、处理、挖掘和预警，实现地面与井下的交互和无缝连接，达到对煤矿瓦斯复合动力灾害的实时精准预测的目的。建议采用消除瓦斯内能和降低煤岩体弹性能两类措施并举的煤岩瓦斯复合动力灾害一体化防治策略。对于冲击诱导突出型动力灾害，应重点采取释放煤岩弹性能的措施，辅助以消减瓦斯内能的措施；对于突出诱导冲击型动力灾害，应重点采取消减瓦斯内能的措施，辅助以释放煤岩弹性能的措施；对于突出-冲击耦合动力灾害，就需要结合消减瓦斯内能和释放煤岩弹性能的措施，根据矿井实际条件，尽可能地将两种措施并重进行一体化防治。

8.2　主要创新点

本书针对目前日益严重但仍缺乏系统研究的煤岩瓦斯复合动力灾害为研究背景，将突出-冲击耦合动力灾害作为切入点，以现有的研究中很少关注到的含瓦斯煤岩组合体为研究对象，进行了大量的理论分析和试验研究。本书的创新点主要有：

（1）以含瓦斯煤岩组合体为研究对象，系统研究了含瓦斯煤岩组合体在不同应力路径下的力学及渗透特性，揭示了受载含瓦斯煤及煤岩组合体损伤破坏及煤中瓦斯渗流演化规律。

（2）分析了含瓦斯煤岩组合体力学破坏机制，建立了含瓦斯煤岩组合体损伤与煤中瓦斯渗流气固耦合模型。

（3）开展了受载含瓦斯煤岩组合体损伤与煤中瓦斯渗流耦合失稳致灾物理模拟试验，分析了灾害发生条件与动力学响应特征，同时进行了数值模拟，分析了物理模拟试验条件下含瓦斯煤岩组合体损伤与煤中瓦斯渗流耦合演化规律。

（4）建立了煤岩瓦斯复合动力灾害新的分类体系，阐明了每种灾害的发生条件及能量准则，重点建立了含瓦斯煤岩组合系统失稳诱发突出-冲击耦合动力灾变能量判据,揭示了受载含瓦斯煤岩组合体损伤与煤中瓦斯渗流耦合失稳诱发复合动力灾害机制。

8.3 展望

本书以煤岩瓦斯复合动力灾害为研究背景,将突出-冲击耦合动力灾害作为切入点,以含瓦斯煤岩组合体为主要研究对象,对受载含瓦斯煤岩组合体损伤及煤中瓦斯渗流耦合失稳诱发复合动力灾害进行了较为深入的、全面的研究,初步揭示了受载含瓦斯煤岩组合体损伤与煤中瓦斯渗流耦合失稳诱发煤岩瓦斯复合动力灾害机制。但由于笔者有限的知识水平以及各种条件的限制,仍然有许多问题需要进一步研究和完善,因此未来笔者将会从以下几个方面继续开展进一步的研究:

(1)本书仅仅对顶板与煤体的组合结构进行了研究,未来应考虑对岩-煤-岩结构及煤体与底板的组合结构进行系统研究,对煤岩组合体结构的失稳破坏进行更加全面的研究。

(2)由于试验条件的限制,本书没有测得组合体破坏过程中煤体渗透率数据,未来应着重开发相应的试验装置,实时记录组合体破坏过程中煤体渗透率数据,并利用数值模拟与试验数据进行相互验证。

(3)本书提出的对这3种煤岩瓦斯复合动力灾害的鉴别方法具有一定的局限性,如何找到一种更加全面的、精确的鉴别方法是下一步研究的重点。我们应该清楚地认识到,煤岩瓦斯复合动力灾害的机理仍然处于假说阶段,没有定量化的力学模型来进行表述,这是目前导致煤岩瓦斯复合动力灾害控灾能力不足的关键因素,因此,复合动力灾害的量化力学模型的建立是我们未来研究的重点及难点。

(4)本书仅仅重点对突出-冲击耦合动力灾害的机制进行了较为系统的研究,但是对其余两类复合动力灾害的机理并没能进行深入的研究。要想真正的控制煤岩瓦斯复合动力灾害的发生,未来需要在各类复合动力灾害发生机制的研究更加深入的基础上,加大对煤岩瓦斯复合动力灾害的风险判识、监测预警技术及防控关键技术的研究,才能最终对煤岩瓦斯复合动力灾害进行有效的防控。

参 考 文 献

[1] YUAN L. Control of coal and gas outbursts in Huainan mines in China: a review[J]. Journal of rock mechanics and geotechnical engineering, 2016, 8(4): 559-567.

[2] 何满潮, 谢和平, 彭苏萍, 等. 深部开采岩体力学研究[J]. 岩石力学与工程学报, 2005, 24(16): 2803-2813.

[3] 俞启香, 程远平. 矿井瓦斯防治[M]. 徐州: 中国矿业大学出版社, 2012.

[4] XIE H P, JU Y, GAO F, et al. Groundbreaking theoretical and technical conceptualization of fluidized mining of deep underground solid mineral resources[J]. Tunnelling and underground space technology, 2017, 67: 68-70.

[5] 李铁, 蔡美峰, 王金安, 等. 深部开采冲击地压与瓦斯的相关性探讨[J]. 煤炭学报, 2005, 30(5): 562-567.

[6] 潘一山. 煤与瓦斯突出、冲击地压复合动力灾害一体化研究[J]. 煤炭学报, 2016, 41(1): 105-112.

[7] WANG K, DU F. The classification and mechanisms of coal-gas compound dynamic disasters: a preliminary discussion[J]. International journal of mining and mineral engineering, 2019, 10(1): 68-84.

[8] BEAMISH B B, CROSDALE P J. Instantaneous outbursts in underground coal mines: an overview and association with coal type[J]. International journal of coal geology, 1998, 35(1/4): 27-55.

[9] 王凯, 俞启香. 煤与瓦斯突出起动过程的突变理论研究[J]. 中国安全科学学报, 1998(6): 10.

[10] 王浩, 赵毅鑫, 焦振华, 等. 复合动力灾害危险下被保护层回采巷道位置优化[J]. 采矿与安全工程学报, 2017, 34(6): 1060-1066.

[11] 高保彬, 米翔繁, 张瑞林. 深部矿井煤岩瓦斯复合动力灾害研究现状与展望[J]. 煤矿安全, 2013, 44(11): 175-178.

[12] 高保彬, 李回贵, 李化敏, 等. 声发射/微震监测煤岩瓦斯复合动力灾害的研

究现状[J]. 地球物理学进展,2014,29(2):689-697.

[13] 张福旺,李铁. 深部开采复合型煤与瓦斯动力灾害的认识[J]. 中州煤炭,2009(4):73-76.

[14] 朱丽媛. 深部矿井复合动力灾害机理与钻屑多指标监测研究[D]. 阜新:辽宁工程技术大学,2016.

[15] 王振. 煤岩瓦斯动力灾害新的分类及诱发转化条件研究[D]. 重庆:重庆大学,2010.

[16] 陈国红. 沿沟煤矿煤与瓦斯突出诱发冲击地压事故分析[J]. 煤矿安全,2013,44(7):156-158.

[17] IANNACCHIONE A T,TADOLINI S C. Occurrence,predication,and control of coal burst events in the U. S. [J]. International journal of mining science and technology,2016,26(1):39-46.

[18] 刘虹. 德国能源转型与煤炭的命运[J]. 煤炭经济研究,2017,37(6):1-5.

[19] 刘文革,韩甲业,于雷,等. 欧洲废弃矿井资源开发利用现状及对我国的启示[J]. 中国煤炭,2018,44(6):138-141,144.

[20] 陈卫东. "去煤"为治霾 无需等风来:英国能源转型的经验与借鉴[J]. 资源导刊,2016(5):54-55.

[21] 梁敦仕. 2017 年世界煤炭市场形势回顾及发展趋势展望[J]. 煤炭经济研究,2018,38(3):6-18.

[22] CALLEJA J,NEMCIK J. Coalburst causes and mechanisms[C]//Proceedings of the 2016 Coal Operators' Conference,February 18-20,2019,University of Wollongong,Wollongong,New South Wales. [S. l. :s. n.],2019.

[23] 袁亮. 煤矿典型动力灾害风险判识及监控预警技术"十三五"研究进展[J]. 矿业科学学报,2021,6(1):1-8.

[24] 科技部. "公共安全风险防控与应急技术装备"重点专项煤矿安全生产领域四个项目启动暨实施方案论证会在北京召开[EB/OL]. (2017-11-01) [2024-3-20] https://www. most. gov. cn/kjbgz/201710/t20171031_135888. html.

[25] 程远平,付建华,俞启香. 中国煤矿瓦斯抽采技术的发展[J]. 采矿与安全工程学报,2009,26(2):127-139.

[26] 袁亮,张农,阚甲广,等. 我国绿色煤炭资源量概念、模型及预测[J]. 中国矿业大学学报,2018,47(1):1-8.

[27] 袁亮,姜耀东,王凯,等. 我国关闭/废弃矿井资源精准开发利用的科学思考[J]. 煤炭学报,2018,43(1):14-20.

[28] Петухов И М. 预防冲击地压的理论与实践[J]. 煤矿安全,1988(5):

39-40.

[29] 章梦涛,徐曾和,潘一山,等.冲击地压和突出的统一失稳理论[J].煤炭学报,1991,16(4):48-53.

[30] 李铁,梅婷婷,李国旗,等."三软"煤层冲击地压诱导煤与瓦斯突出力学机制研究[J].岩石力学与工程学报,2011,30(6):1283-1288.

[31] FISHER J. Impact of gas emissions on the intiations of coal bumps[C]// The 23th World Mining Congress, August 11-15, 2013, McGill University, Montreal,Quebec.[S. l. :s. n.],2013.

[32] 孙学会,李铁.深部矿井复合型煤岩瓦斯动力灾害防治理论与技术[M].北京:科学出版社,2011.

[33] 袁瑞甫.深部矿井冲击-突出复合动力灾害的特点及防治技术[J].煤炭科学技术,2013,41(8):6-10.

[34] 蓝航,潘俊锋,彭永伟.煤岩动力灾害能量机理的数值模拟[J].煤炭学报,2010,35(S1):10-14.

[35] 王振,尹光志,胡千庭,等.高瓦斯煤层冲击地压与突出的诱发转化条件研究[J].采矿与安全工程学报,2010,27(4):572-575,580.

[36] 尹光志,李星,鲁俊,等.深部开采动静荷载作用下复合动力灾害致灾机理研究[J].煤炭学报,2017,42(9):2316-2326.

[37] 姜福兴,杨光宇,魏全德,等.煤矿复合动力灾害危险性实时预警平台研究与展望[J].煤炭学报,2018,43(2):333-339.

[38] 孟贤正,汪长明,唐兵,等.具有突出和冲击地压双重危险煤层工作面的动力灾害预测理论与实践[J].矿业安全与环保,2007,34(3):1-4,89.

[39] 张建国.平顶山东部矿区深井动力灾害多因素耦合统一灾变机理[J].矿业安全与环保,2012,39(5):11-14,18,99.

[40] DECHELETTE O, JOSIEN J P, REVALOR R, et al. Seismo-acoustic monitoring in an operational longwall face with a high rate of advance: Proc 1st International Congress on Rockbursts and Seismicity in Mines, Johannesburg,Sept 1982 P83-87. Publ Johannesburg:SAIMM,1984[J]. International journal of rock mechanics and mining sciences & geomechanics abstracts,1985,22(6):194.

[41] SHEPHERD J, RIXON L K, GRIFFITHS L. Outbursts and geological structures in coal mines:a review[J]. International journal of rock mechanics and mining sciences and geomechanics abstracts,1981,18(4):267-283.

[42] 靳钟铭,赵阳升,贺军,等.含瓦斯煤层力学特性的实验研究[J].岩石力学与工程学报,1991,10(3):271-280.

[43] 梁冰,章梦涛,潘一山,等.瓦斯对煤的力学性质及力学响应影响的试验研究[J].岩土工程学报,1995,17(5):12-18.

[44] 尹光志,王振,张东明.有效围压为零条件下瓦斯对煤体力学性质影响的实验[J].重庆大学学报,2010,33(11):129-133.

[45] ATES Y,BARRON K. The effect of gas sorption on the strength of coal [J]. Mining science and technology,1988,6(3):291-300.

[46] VIETE D R,RANJITH P G. The mechanical behaviour of coal with respect to CO_2 sequestration in deep coal seams[J]. Fuel,2007,86(17/18):2667-2671.

[47] VIETE D R,RANJITH P G. The effect of CO_2 on the geomechanical and permeability behaviour of brown coal:implications for coal seam CO_2 sequestration[J]. International journal of coal geology,2006,66(3):204-216.

[48] XIN C P,WANG K,DU F,et al. Mechanical properties and permeability evolution of gas-bearing coal under phased variable speed loading and unloading[J]. Arabian journal of geosciences,2018,11:747.

[49] 刘恺德.高应力下含瓦斯原煤三轴压缩力学特性研究[J].岩石力学与工程学报,2017,36(2):380-393.

[50] 刘超,张东明,尚德磊,等.峰后围压卸载对原煤变形和渗透特性的影响[J].岩土力学,2018,39(6):2017-2034.

[51] LIU X F,WANG X R,WANG E Y,et al. Effects of gas pressure on bursting liability of coal under uniaxial conditions[J]. Journal of natural gas science and engineering,2017,39:90-100.

[52] XIE G X,YIN Z Q,WANG L,et al. Effects of gas pressure on the failure characteristics of coal[J]. Rock mechanics and rock engineering,2017,50:1711-1723.

[53] 王登科.含瓦斯煤岩本构模型与失稳规律研究[D].重庆:重庆大学,2009.

[54] 孟磊.含瓦斯煤体损伤破坏特征及瓦斯运移规律研究[D].北京:中国矿业大学(北京),2013.

[55] 刘星光.含瓦斯煤变形破坏特征及渗透行为研究[D].徐州:中国矿业大学,2013.

[56] PETUKHOV I M,LINKOV A M. The theory of post-failure deformations and

the problem of stability in rock mechanics[J]. International journal of rock mechanics and mining sciences & geomechanics abstracts, 1979, 16（2）: 57-76.

［57］左建平,陈岩,张俊文,等.不同围压作用下煤-岩组合体破坏行为及强度特征[J].煤炭学报,2016,41(11):2706-2713.

［58］HUANG B X, LIU J W. The effect of loading rate on the behavior of samples composed of coal and rock[J]. International journal of rock mechanics and mining sciences,2013,61:23-30.

［59］朱卓慧,冯涛,宫凤强,等.煤岩组合体分级循环加卸载力学特性的实验研究[J].中南大学学报(自然科学版),2016,47(7):2469-2475.

［60］左建平,谢和平,孟冰冰,等.煤岩组合体分级加卸载特性的试验研究[J].岩土力学,2011,32(5):1287-1296.

［61］张泽天,刘建锋,王璐,等.组合方式对煤岩组合体力学特性和破坏特征影响的试验研究[J].煤炭学报,2012,37(10):1677-1681.

［62］郭东明,左建平,张毅,等.不同倾角组合煤岩体的强度与破坏机制研究[J].岩土力学,2011,32(5):1333-1339.

［63］左建平,裴建良,刘建锋,等.煤岩体破裂过程中声发射行为及时空演化机制[J].岩石力学与工程学报,2011,30(8):1564-1570.

［64］王晓南,陆菜平,薛俊华,等.煤岩组合体冲击破坏的声发射及微震效应规律试验研究[J].岩土力学,2013,34(9):2569-2575.

［65］窦林名,田京城,陆菜平,等.组合煤岩冲击破坏电磁辐射规律研究[J].岩石力学与工程学报,2005,24(19):3541-3544.

［66］赵毅鑫,姜耀东,祝捷,等.煤岩组合体变形破坏前兆信息的试验研究[J].岩石力学与工程学报,2008,27(2):339-346.

［67］ZHAO Z H, WANG W M, DAI C Q, et al. Failure characteristics of three-body model composed of rock and coal with different strength and stiffness[J]. Transactions of nonferrous metals society of China,2014,24(5):1538-1546.

［68］ZHAO Z H, LV X Z, WANG W M, et al. Damage evolution of bi-body model composed of weakly cemented soft rock and coal considering different interface effect[J]. Springerplus,2016,5:292-1-19.

［69］ZHAO Z H, WANG W M, WANG L H, et al. Compression-shear strength criterion of coal-rock combination model considering interface effect[J]. Tunnelling and underground space technology,2015,47:193-199.

[70] LIU J,WANG E Y,SONG D Z,et al. Effect of rock strength on failure mode and mechanical behavior of composite samples[J]. Arabian journal of geosciences,2015,8:4527-4539.

[71] BAO C Y,TANG C A,CAI M,et al. Spacing and failure mechanism of edge fracture in two-layered materials[J]. International journal of fracture, 2013,181:241-255.

[72] LI L C,TANG C A,WANG S Y. A numerical investigation of fracture infilling and spacing in layered rocks subjected to hydro-mechanical loading[J]. Rock mechanics and rock engineering,2012,45(5):753-765.

[73] 陈忠辉,傅宇方,唐春安.单轴压缩下双试样相互作用的实验研究[J].东北大学学报(自然科学版),1997,18(4):382-385.

[74] 刘建新,唐春安,朱万成,等.煤岩串联组合模型及冲击地压机理的研究[J].岩土工程学报,2004,26(2):276-280.

[75] ZHAO Z H,WANG W M,YAN J X. Strain localization and failure evolution analysis of soft rock-coal-soft rock combination model[J]. Journal of applied sciences,2013,13(7):1094-1099.

[76] 林鹏,唐春安,陈忠辉,等.二岩体系统破坏全过程的数值模拟和实验研究[J].地震,1999,19(4):413-418.

[77] TAN Y L,GUO W Y,GU Q H,et al. Research on the rockburst tendency and AE characteristics of inhomogeneous coal-rock combination bodies[J]. Shock and vibration,2016,2016(1):9271434-1-11.

[78] 刘波,杨仁树,郭东明,等.孙村煤矿－1 100 m水平深部煤岩冲击倾向性组合试验研究[J].岩石力学与工程学报,2004,23(14):2402-2408.

[79] 王学滨.煤岩两体模型变形破坏数值模拟[J].岩土力学,2006,27(7):1066-1070.

[80] 赵善坤,张寅,韩荣军,等.组合煤岩结构体冲击倾向演化数值模拟[J].辽宁工程技术大学学报(自然科学版),2013,32(11):1441-1446.

[81] 薛东杰.不同开采条件下采动煤岩体瓦斯增透机理研究[D].北京:中国矿业大学(北京),2013.

[82] 林柏泉,周世宁.煤样瓦斯渗透率的实验研究[J].中国矿业学院学报,1987(1):24-31.

[83] HEILAND J,RAAB S. Experimental investigation of the influence of differential stress on permeability of a lower permian (rotliegend) sandstone deformed in the brittle deformation field[J]. Physics and chemistry of the

Earth,Part A:solid Earth and geodesy,2001,26(1/2):33-38.

[84] NGWENYA B T,KWON O,ELPHICK S C,et al. Permeability evolution during progressive development of deformation bands in porous sandstones[J]. Journal of geophysical research solid Earth,2003,108 (B7):6-1-14.

[85] 尹光志,李文璞,李铭辉,等.加卸载条件下原煤渗透率与有效应力的规律 [J].煤炭学报,2014,39(8):1497-1503.

[86] 李鹏.复合加卸载条件下含瓦斯煤渗流特性及其应用研究[D].北京:中国 矿业大学(北京),2015.

[87] SOMERTON W H,SÖYLEMEZOGLU I M,DUDLEY R C. Effect of stress on permeability of coal[J]. International journal of rock mechanics & mining sciences and geomechanics abstracts,1975,12(5/6):129-145.

[88] DURUCAN S,EDWARDS J S. The effects of stress and fracturing on permeability of coal[J]. Mining science and technology,1986,3(3): 205-216.

[89] HUY P Q,SASAKI K,SUGAI Y,et al. Carbon dioxide gas permeability of coal core samples and estimation of fracture aperture width[J]. International journal of coal geology,2010,83(1):1-10.

[90] PAN Z J,CONNELL L D,CAMILLERI M. Laboratory characterisation of coal reservoir permeability for primary and enhanced coalbed methane recovery[J]. International journal of coal geology,2010,82(3/4):252-261.

[91] HARPALANI S,CHEN G L. Influence of gas production induced volumetric strain on permeability of coal[J]. Geotechnical and geological engineering, 1997,15(4):303-325.

[92] MAZUMDER S,WOLF K H. Differential swelling and permeability change of coal in response to CO_2 injection for ECBM[J]. International journal of coal geology,2008,74(2):123-138.

[93] MAZUMDER S,KARNIK A,WOLF K H. Swelling of coal in response to CO_2 sequestration for ECBM and its effect on fracture permeability[J]. SPE journal,20016,11(3):390-398.

[94] ROBERTSON E. Measurement and modeling of sorption-induced strain and permeability changes in coal[D]. Colorado:Colorado School of Mines,2005.

[95] MITRA A,HARPALANI S,LIU S M. Laboratory measurement and

modeling of coal permeability with continued methane production: Part 1-Laboratory results[J]. Fuel, 2012, 94: 110-116.

[96] CHEN H D, CHENG Y P, ZHOU H X, et al. Damage and permeability development in coal during unloading [J]. Rock mechanics and rock engineering, 2013, 46(6): 1377-1390.

[97] CHEN H D, CHENG Y P, REN T X, et al. Permeability distribution characteristics of protected coal seams during unloading of the coal body [J]. International journal of rock mechanics and mining sciences, 2014, 71: 105-116.

[98] ZHANG Q G, FAN X Y, LIANG Y C, et al. Mechanical behavior and permeability evolution of reconstituted coal samples under various unloading confining pressures-implications for wellbore stability analysis [J]. Energies, 2017, 10(3): 1-19.

[99] YIN G Z, JIANG C B, WANG J G, et al. Geomechanical and flow properties of coal from loading axial stress and unloading confining pressure tests[J]. International journal of rock mechanics and mining sciences, 2015, 76: 155-161.

[100] PALMER I, MANSOORI J. How permeability depends on stress and pore pressure in coalbeds: a new model[J]. SPE reservoir and engineering, 1998, 1(6): 539-544.

[101] PALMER I D, MAVOR M J, GUNTER W D. Permeability changes in coal seams during production and injection[C]//International Coalbed Methane Symposium, May 23-24, 2007, the University of Alabama, Tuscaloosa, Alabama. [S. l.: s. n.], 2007.

[102] SHI J Q, DURUCAN S. A model for changes in coalbed permeability during primary and enhanced methane recovery [J]. SPE reservoir evaluation and engineering, 2005, 8(4): 291-299.

[103] CUI X J, BUSTIN R M. Volumetric strain associated with methane desorption and its impact on coalbed gas production from deep coal seams[J]. AAPG bulletin, 2005, 89(9): 1181-1202.

[104] LIU H H, RUTQVIST J. A new coal-permeability model: internal swelling stress and fracture-matrix interaction[J]. Transport in porous media, 2010, 82: 157-171.

[105] 臧杰. 煤渗透率改进模型及煤中气体流动三维数值模拟研究[D]. 北京: 中

国矿业大学(北京),2015.

[106] TANG C A,THAM L G,LEE P K K,et al. Coupled analysis of flow, stress and damage(FSD)in rock failure[J]. International journal of rock mechanics and mining sciences,2002,39(4):477-489.

[107] 杨天鸿,徐涛,刘建新,等.应力-损伤-渗流耦合模型及在深部煤层瓦斯卸压实践中的应用[J].岩石力学与工程学报,2005,24(16):2900-2905.

[108] 赵阳升,胡耀青,赵宝虎,等.块裂介质岩体变形与气体渗流的耦合数学模型及其应用[J].煤炭学报,2003,28(1):41-45.

[109] 胡少斌.多尺度裂隙煤体气固耦合行为及机制研究[D].徐州:中国矿业大学,2015.

[110] XUE D J,ZHOU H W,WANG C S,et al. Coupling mechanism between mining-induced deformation and permeability of coal[J]. International journal of mining science and technology,2013,23(6):783-787.

[111] TU Q Y,CHENG Y P,GUO P K,et al. Experimental study of coal and gas outbursts related to gas-enriched areas[J]. Rock mechanics and rock engineering,2016,49(9):3769-3781.

[112] TU Q Y,CHENG Y P,LIU Q Q,et al. Investigation of the formation mechanism of coal spallation through the cross-coupling relations of multiple physical processes[J]. International journal of rock mechanics and mining sciences,2018,105:133-144.

[113] 曹树刚,鲜学福.煤岩的广义弹粘塑性模型分析[J].煤炭学报,2001,26(4):364-369.

[114] 曹树刚,鲜学福.煤岩固-气耦合的流变力学分析[J].中国矿业大学学报,2001,30(4):362-365.

[115] LIU J S,CHEN Z W,ELSWORTH D,et al. Interactions of multiple processes during CBM extraction:a critical review[J]. International journal of coal geology,2011,87(3/4):175-189.

[116] BRADY B H G,BROWN E T. Rock mechanics:for underground mining [M]. Dordrecht:Springer science and business media,2013.

[117] ZHU W C,LI Z H,ZHU L,et al. Numerical simulation on rockburst of underground opening triggered by dynamic disturbance[J]. Tunnelling and underground space technology,2010,25(5):587-599.

[118] SIRAIT B,WATTIMENA R K,WIDODO N P. Rockburst prediction of a cut and fill mine by using energy balance and induced stress[J].

Procedia earth and planetary science,2013,6:426-434.

[119] MAZAIRA A,KONICEK P. Intense rockburst impacts in deep underground construction and their prevention[J]. Canadian geotechnical journal, 2015,52:1426-1439.

[120] CHEN K P. A new mechanistic model for prediction of instantaneous coal outbursts:dedicated to the memory of Prof. Daniel D. Joseph[J]. International journal of coal geology,2011,87(2):72-79.

[121] WOLD M B,CONNELL L D,CHOI S K. The role of spatial variability in coal seam parameters on gas outburst behaviour during coal mining [J]. International journal of coal geology,2008,75(1):1-14.

[122] ZHOU A T, WANG K. A transient model for airflow stabilization induced by gas accumulations in a mine ventilation network[J]. Journal of loss prevention in the process industries,2017,47:104-109.

[123] 袁亮.卸压开采抽采瓦斯理论及煤与瓦斯共采技术体系[J].煤炭学报, 2009,34(1):1-8.

[124] 袁亮,薛俊华,张农,等.煤层气抽采和煤与瓦斯共采关键技术现状与展望 [J].煤炭科学技术,2013,41(9):6-11.

[125] 谢和平,周宏伟,薛东杰,等.我国煤与瓦斯共采:理论、技术与工程[J].煤 炭学报,2014,39(8):1391-1397.

[126] 汪有刚,李宏艳,齐庆新,等.采动煤层渗透率演化与卸压瓦斯抽放技术 [J].煤炭学报,2010,35(3):406-410.

[127] 潘荣锟.荷载煤体渗透率演化特性及在卸压瓦斯抽采中的应用[D].徐州: 中国矿业大学,2014.

[128] REN T, WANG G T, CHENG Y P, et al. Model development and simulation study of the feasibility of enhancing gas drainage efficiency through nitrogen injection[J].Fuel,2017,194(15):406-422.

[129] WANG G D,REN T,QI Q X,et al. Determining the diffusion coefficient of gas diffusion in coal:development of numerical solution[J]. Fuel, 2017,196:47-58.

[130] 李树刚,常心坦,徐精彩.煤岩与 CO_2 突出特征及其预防技术研究[J].西 安科技学院学报,2000,20(1):1-4,8.

[131] 张子敏.我国煤、岩与二氧化碳突出的情况及地质原因[J].焦作矿业学院 学报,1992(3):45-49.

[132] 王公达.煤层瓦斯吸附解吸迟滞规律及其对渗流特性影响研究[D].北京:

中国矿业大学(北京),2015.

[133] CHEN Z W,LIU J S,PAN Z J,et al. Influence of the effective stress coefficient and sorption-induced strain on the evolution of coal permeability:model development and analysis[J]. International journal of greenhouse gas control,2012,8:101-110.

[134] HARPALANI S,SCHRAUFNAGEL R A. Shrinkage of coal matrix with release of gas and its impact on permeability of coal[J]. Fuel,1990, 69(5):551-556.

[135] SIRIWARDANE H,HALJASMAA I,MCLENDON R,et al. Influence of carbon dioxide on coal permeability determined by pressure transient methods[J]. International journal of coal geology,2009,77:109-118.

[136] CONNELL L D, MAZUMDER S, SANDER R, et al. Laboratory characterisation of coal matrix shrinkage,cleat compressibility and the geomechanical properties determining reservoir permeability[J]. Fuel, 2016,165:499-512.

[137] CLARKSON C R, BUSTIN R M. Variation in permeability with lithotype and maceral composition of Cretaceous coals of the Canadian Cordillera[J]. International journal of coal geology, 1997, 33 (2): 135-151.

[138] WANG X J. Influence of coal quality factors on seam permeability associated with coalbed methane production[D]. Sydney:University of New South Wales,2007.

[139] 梁冰,高红梅,兰永伟. 岩石渗透率与温度关系的理论分析和试验研究 [J]. 岩石力学与工程学报,2005,24(12):2009-2012.

[140] 李志强,鲜学福,隆晴明. 不同温度应力条件下煤体渗透率实验研究[J]. 中国矿业大学学报,2009,38(4):523-527.

[141] PERERA M S A,RANJITH P G,CHOI S K,et al. Investigation of temperature effect on permeability of naturally fractured black coal for carbon dioxide movement:an experimental and numerical study[J]. Fuel,2012,94:596-605.

[142] PERERA M S A, RANJITH P G, VIETE D R,et al. Parameters influencing the flow performance of natural cleat systems in deep coal seams experiencing carbon dioxide injection and sequestration [J]. International journal of coal geology,2012,104:96-106.

[143] 蒋一峰. 受载煤体-瓦斯-水耦合渗流特性研究[D]. 北京：中国矿业大学（北京），2018.

[144] WANG K, DU F, WANG G D. Investigation of gas pressure and temperature effects on the permeability and steady-state time of chinese anthracite coal：an experimental study[J]. Journal of natural gas science and engineering，2017，40：179-188.

[145] WANG K, ZANG J, WANG G D, et al. Anisotropic permeability evolution of coal with effective stress variation and gas sorption：model development and analysis[J]. International journal of coal geology，2014，130：53-65.

[146] LI J Q, LIU D M, YAO Y B, et al. Evaluation and modeling of gas permeability changes in anthracite coals[J]. Fuel，2013，111：606-612.

[147] TANIKAWA W, SHIMAMOTO T. Comparison of Klinkenberg-corrected gas permeability and water permeability in sedimentary rocks[J]. International journal of rock mechanics and mining sciences，2009，46(2)：229-238.

[148] WU Y S, PRUESS K, PERSOFF P. Gas flow in porous media with Klinkenberg effects[J]. Transport in porous media，1998，32：117-137.

[149] ZHU W C, LIU J, SHENG J C, et al. Analysis of coupled gas flow and deformation process with desorption and Klinkenberg effects in coal seams[J]. International journal of rock mechanics and mining sciences，2007，44(7)：971-980.

[150] SHI J Q, DURUCAN S, SHIMADA S. How gas adsorption and swelling affects permeability of coal：a new modelling approach for analysing laboratory test data[J]. International journal of coal geology，2014，128/129：134-142.

[151] ZANG J, WANG K, ZHAO Y X. Evaluation of gas sorption-induced internal swelling in coal[J]. Fuel，2015，143：165-172.

[152] PAN Z J, CONNELL L D. Modelling permeability for coal reservoirs：a review of analytical models and testing data[J]. International journal of coal geology，2012，92：1-44.

[153] MITRA A, HARPALANI S, LIU S M. Laboratory measurement and modeling of coal permeability with continued methane production：part 1-Laboratory results[J]. Fuel，2012，94：110-116.

[154] HARPALANI S, OUYANG S. Laboratory technique to estimate gas

flow behavior of naturally fractured reservoirs[J]. International journal of rock mechanics and mining sciences,1998,35(4/5):516.

[155] AMANN-HILDENBRAND A, GHANIZADEH A, KROOSS B M. Transport properties of unconventional gas systems[J]. Marine and petroleum geology,2012,31(1):90-99.

[156] ZHAO W,CHENG Y P,YUAN M,et al. Effect of adsorption contact time on coking coal particle desorption characteristics[J]. Energy & fuels,2014,28(3/4):2287-2296.

[157] PILLALAMARRY M, HARPALANI S, LIU S M. Gas diffusion behavior of coal and its impact on production from coalbed methane reservoirs[J]. International journal of coal geology, 2011, 86 (4): 342-348.

[158] PONE J D N,HALLECK P M,MATHEWS J P. Sorption capacity and sorption kinetic measurements of CO_2 and CH_4 in confined and unconfined bituminous coal[J]. Energy & fuels,2009,23(5):4688-4695.

[159] CLARKSON C R,BUSTIN R M. The effect of pore structure and gas pressure upon the transport properties of coal: a laboratory and modeling study 2. Adsorption rate modeling[J]. Fuel, 1999, 78 (11): 1345-1362.

[160] GRUSZKIEWICZ M S,NANEY M T,BLENCOE J G,et al. Adsorption kinetics of CO_2, CH_4, and their equimolar mixture on coal from the Black Warrior Basin,West-Central Alabama[J]. International journal of coal geology,2009,77(1/2):23-33.

[161] ZHENG G Q,PAN Z J,CHEN Z W,et al. Laboratory study of gas permeability and cleat compressibility for CBM/ECBM in Chinese coals [J]. Energy exploration and exploitation,2012,30(3):451-476.

[162] QU H Y, LIU J S, CHEN Z W, et al. Complex evolution of coal permeability during CO_2 injection under variable temperatures [J]. International journal of greenhouse gas control,2012,9:281-293.

[163] CROSDALE P J,MOORE T A, MARES T E. Influence of moisture content and temperature on methane adsorption isotherm analysis for coals from a low-rank, biogenically-sourced gas reservoir[J]. International journal of coal geology,2008,76(1/2):166-174.

[164] STAIB G,SAKUROVS R,GRAY E M A. Dispersive diffusion of gases

in coals. Part Ⅱ: An assessment of previously proposed physical mechanisms of diffusion in coal[J]. Fuel, 2015, 143: 620-629.

[165] ZHAO Y L, FENG Y H, ZHANG X X. Molecular simulation of CO_2/ CH_4 self- and transport diffusion coefficients in coal[J]. Fuel, 2015, 165: 19-27.

[166] ZHAO Y S, QU F, WAN Z J, et al. Experimental investigation on correlation between permeability variation and pore structure during coal pyrolysis[J]. Transport in porous media, 2010, 82(2): 401-412.

[167] LIU S Q, ZHANG S J, CHEN F, et al. Variation of coal permeability under dehydrating and heating: a case study of Ulanqab lignite for underground coal gasification[J]. Energy and fuels, 2014, 28(9/11): 6869-6876.

[168] 王登科, 彭明, 魏建平, 等. 煤岩三轴蠕变-渗流-吸附解吸实验装置的研制及应用[J]. 煤炭学报, 2016, 41(3): 644-652.

[169] 辛程鹏, 张翔, 杜锋, 等. 分段变速加载对含瓦斯突出煤力学特性影响试验研究[J]. 中国安全生产科学技术, 2018, 14(2): 133-138.

[170] HU S B, WANG E Y, LI X C, et al. Effects of gas adsorption on mechanical properties and erosion mechanism of coal[J]. Journal of natural gas science and engineering, 2016, 30: 531-538.

[171] MASOUDIAN M S, AIREY D W, EL-ZEIN A. Experimental investigations on the effect of CO_2 on mechanics of coal[J]. International journal of coal geology, 2014, 128/129: 12-23.

[172] XU J Z, ZHAI C, RANJITH P G, et al. Investigation of the mechanical damage of low rank coals under the impacts of cyclical liquid CO_2 for coalbed methane recovery[J]. Energy, 2022, 239: 122145-1-11.

[173] WANG K, DU F, WANG G D. The influence of methane and CO_2 adsorption on the functional groups of coals: insights from a Fourier transform infrared investigation[J]. Journal of natural gas science and engineering, 2017, 45: 358-367.

[174] GALINDO R A, SERRANO A, OLALLA C. Ultimate bearing capacity of rock masses based on modified Mohr-Coulomb strength criterion[J]. International journal of rock mechanics and mining sciences, 2017, 93: 215-225.

[175] HANDIN J. On the Coulomb-Mohr failure criterion[J]. Journal of

geophysical research,1969,74(22):5343-5348.

[176] 刘泉声,刘恺德,卢兴利,等.高应力下原煤三轴卸荷力学特性研究[J].岩石力学与工程学报,2014,33(S2):3429-3438.

[177] WANG K,DU F,ZHANG X,et al. Mechanical properties and permeability evolution in gas-bearing coal-rock combination body under triaxial conditions [J]. Environmental Earth sciences,2017,76(24):815.

[178] KARACAN C Ö,ESTERHUIZEN G S,SCHATZEL S J,et al. Reservoir simulation-based modeling for characterizing longwall methane emissions and gob gas venthole production[J]. International journal of coal geology,2007,71(2/3):225-245.

[179] KARACAN C Ö. Reservoir rock properties of coal measure strata of the Lower Monongahela Group,Greene County(Southwestern Pennsylvania), from methane control and production perspectives[J]. International journal of coal geology,2009,78(1):47-64.

[180] KARACAN C Ö,GOODMAN G V R. Analyses of geological and hydrodynamic controls on methane emissions experienced in a Lower Kittanning coal mine[J]. International journal of coal geology,2012,98: 110-127.

[181] AMYX J W,BASS D M,WHITING R L. Petroleum Reservoir Engineering [M]. New York:McGraw-Hill,1960.

[182] NIU Y F,MOSTAGHIMI P,SHIKHOV I,et al. Coal permeability:gas slippage linked to permeability rebound[J]. Fuel,2018,215:844-852.

[183] 徐超.岩浆岩床下伏含瓦斯煤体损伤渗透演化特性及致灾机制研究[D].徐州:中国矿业大学,2015.

[184] DU F,WANG K D,WANG G D,et al. Investigation of the acoustic emission characteristics during deformation and failure of gas-bearing coal-rock combined bodies[J]. Journal of loss prevention in the process industries,2018,55:253-266.

[185] LIANG Y P,LI Q M,GU Y L,et al. Mechanical and acoustic emission characteristics of rock:effect of loading and unloading confining pressure at the postpeak stage[J]. Journal of natural gas science and engineering,2017,44:54-64.

[186] HE M C,MIAO J L,FENG J L. Rock burst process of limestone and its acoustic emission characteristics under true-triaxial unloading conditions

[J]. International journal of rock mechanics and mining sciences,2010, 47(2):286-298.

[187] 吴文杰.岩石常规三轴峰后加卸载变形破坏声发射规律研究[D].重庆:重庆大学,2015.

[188] 张黎明,任明远,马绍琼,等.大理岩卸围压破坏全过程的声发射及分形特征[J].岩石力学与工程学报,2015,34(S1):2862-2867.

[189] 尹光志,秦虎,黄滚.不同应力路径下含瓦斯煤岩渗流特性与声发射特征实验研究[J].岩石力学与工程学报,2013,32(7):1315-1320.

[190] HUANG R Q,HUANG D. Evolution of rock cracks under unloading condition[J]. Rock mechanics and rock engineering,2014,47:453-466.

[191] LIU Q Q,CHENG Y P,JIN K,et al. Effect of confining pressure unloading on strength reduction of soft coal in borehole stability analysis[J]. Environmental Earth sciences,2017,76(4):173-1-11.

[192] CROUCH S L. A note on post-failure stress-strain path dependence in norite[J]. International journal of rock mechanics and mining sciences and geomechanics abstracts,1972,9(2):197-204.

[193] SWANSSON S R,BROWN W S. An observation of loading path independence of fracture in rock[J]. International journal of rock mechanics and mining sciences and geomechanics abstracts,1971,8(3): 279-281.

[194] IWATA N,SASAKI T,YOSHINAKA R,et al. Applicability of the multiple yield model for estimating the deformation of vertical rock walls during large-scale excavations[J]. International journal of rock mechanics and mining sciences,2012,52:171-180.

[195] HUANG R Q,WANG X N,CHAN L S. Triaxial unloading test of rocks and its implication for rock burst[J]. Bulletin of engineering geology and the environment,2001,60:37-41.

[196] XIE H Q,HE C H. Study of the unloading characteristics of a rock mass using the triaxial test and damage mechanics[J]. International journal of rock mechanics and mining sciences,2004,41(S1):74-80.

[197] LU S Q,LI L,CHENG Y P,et al. Mechanical failure mechanisms and forms of normal and deformed coal combination containing gas:model development and analysis[J]. Engineering failure analysis,2017,80:241-252.

[198] 鲜学福,谭学术.层状岩体破坏机理[M].重庆:重庆大学出版社,1989.

[199] 刘立,梁伟,李月,等.岩体层面力学特性对层状复合岩体的影响[J].采矿与安全工程学报,2006,23(2):187-191.

[200] 郭海军.煤的双重孔隙结构等效特征及对其力学和渗透特性的影响机制[D].徐州:中国矿业大学,2017.

[201] 卢守青.基于等效基质尺度的煤体力学失稳及渗透性演化机制与应用[D].徐州:中国矿业大学,2016.

[202] 安丰华.煤与瓦斯突出失稳蕴育过程及数值模拟研究[D].徐州:中国矿业大学,2014.

[203] DETOURNAY E,CHENG A H D. Fundamentals of poroelasticity[M]. [S. l. :s. n.],1993.

[204] CONNELL L D,LU M,PAN Z J. An analytical coal permeability model for tri-axial strain and stress conditions[J]. International journal of coal geology,2010,84(2):103-114.

[205] DAWSON G K W,GOLDING S D,ESTERLE J S,et al. Occurrence of minerals within fractures and matrix of selected Bowen and Ruhr Basin coals[J]. International journal of coal geology,2012,94:150-166.

[206] AN F H,CHENG Y P,WANG L,et al. A numerical model for outburst including the effect of adsorbed gas on coal deformation and mechanical properties[J]. Computers and geotechnics,2013,54:222-231.

[207] SKOCZYLAS N. Laboratory study of the phenomenon of methane and coal outburst[J]. International journal of rock mechanics and mining sciences,2012,55:102-107.

[208] AN F H,CHENG Y P. An explanation of large-scale coal and gas outbursts in underground coal mines:the effect of low-permeability zones on abnormally abundant gas[J]. Natural hazards and Earth system sciences,2014,14(8):2125-2132.

[209] AN F H,YU Y,CHEN X J,et al. Expansion energy of coal gas for the initiation of coal and gas outbursts[J]. Fuel,2019,235:551-557.

[210] OTUONYE F,SHENG J. A numerical simulation of gas flow during coal/gas outbursts[J]. Geotechnical and geological engineering,1994, 12:15-34.

[211] XUE S,WANG Y C,XIE J,et al. A coupled approach to simulate initiation of outbursts of coal and gas:model development [J].

International journal of coal geology,2011,86(2/3):222-230.

[212] XUE S,YUAN L,WANG J F,et al. A coupled DEM and LBM model for simulation of outbursts of coal and gas[J]. International journal of coal science and technology,2015,2:22-29.

[213] XUE S,YUAN L,WANG Y C,et al. Numerical analyses of the major parameters affecting the initiation of outbursts of coal and gas[J]. Rock mechanics and rock engineering,2014,47(4):1505-1510.

[214] ALEXEEV A D,REVVA V N,ALYSHEV N A,et al. True triaxial loading apparatus and its application to coal outburst prediction[J]. International journal of coal geology,2004,58(4):245-250.

[215] YIN G Z,JIANG C B,WANG J G,et al. A new experimental apparatus for coal and gas outburst simulation[J]. Rock mechanics and rock engineering,2016,49(5):2005-2013.

[216] ZHANG C L,XU J,YIN G Z,et al. A novel large-scale multifunctional apparatus to study the disaster dynamics and gas flow mechanism in coal mines[J]. Rock mechanics and rock engineering, 2019, 52 (8): 2889-2898.

[217] WANG C J,YANG S Q,YANG D D,et al. Experimental analysis of the intensity and evolution of coal and gas outbursts[J]. Fuel,2018,226: 252-262.

[218] 郭品坤. 煤与瓦斯突出层裂发展机制研究[D]. 徐州:中国矿业大学,2014.

[219] COUSSY O. Poromechanics[M].[S. l.]:John Wiley and Sons,2004.

[220] YAN C Z,WANG Y X,XIE X,et al. A 2D continuous-discrete mixed seepage model considering the fluid exchange and the pore pressure discontinuity across the fracture for simulating fluid-driven fracturing [J]. Acta geotechnica,2023,18:5791-5810

[221] CAI M,KAISER P K,TASAKA Y,et al. Determination of residual strength parameters of jointed rock masses using the GSI system[J]. International journal of rock mechanics and mining sciences,2007, 44(2):247-265.

[222] DRUCKER D C,PRAGER W,GREENBERG H J Q. Extended limit design theorems for continuous media[J]. Quarterly of applied mathematics, 1952,9(4):381-389.

[223] SANDHYA R,NAGENDRA P,SAI K. Applicability of Mohr-Coulomb

and Drucker-Prager models for assessment of undrained shear behaviour of clayey soils [J]. International journal of civil engineering and technology,2014,5(10):104-123.

[224] 黄弘读,郑哲敏,俞善炳,等.突然卸载下含气煤的层裂[J].煤炭学报,1999,24(2):142-146.

[225] 朱鹤勇.煤体结构对瓦斯突出能量的影响[J].阜新矿业学院学报,1991,10(1):25-29.

[226] 蒋承林,俞启香.煤与瓦斯突出过程中能量耗散规律的研究[J].煤炭学报,1996,21(2):173-178.

[227] 蒋承林.煤与瓦斯突出阵面的推进过程及力学条件分析[J].中国矿业大学学报,1994,23(4):1-9.

[228] 蒋承林,俞启香.煤与瓦斯突出机理的球壳失稳假说[J].煤矿安全,1995(2):17-25.

[229] 钱鸣高,刘听成.矿山压力及其控制[M].北京:煤炭工业出版社,1984.

[230] 魏风清,史广山,张铁岗.基于瓦斯膨胀能的煤与瓦斯突出预测指标研究[J].煤炭学报,2010,35(S1):95-99.

[231] 何江.煤矿采动动载对煤岩体的作用及诱冲机理研究[D].徐州:中国矿业大学,2013.

[232] 卢爱红,郁时炼,秦昊,等.应力波作用下巷道围岩层裂结构的稳定性研究[J].中国矿业大学学报,2008,37(6):769-774,779.

[233] 鲜学福,辜敏,李晓红,等.煤与瓦斯突出的激发和发生条件[J].岩土力学.2009,30(3):577-581.

[234] 王凯,周爱桃,魏高举,等.直巷道中突出冲击气流的形成及传播特征研究[J].采矿与安全工程学报,2012,29(4):559-563.

[235] 周爱桃.瓦斯突出冲击气流传播及诱导矿井风流灾变规律研究[D].北京:中国矿业大学(北京),2012.

[236] 宋大钊.冲击地压演化过程及能量耗散特征研究[D].徐州:中国矿业大学,2012.

[237] 李夕兵.岩石动力学基础与应用[M].北京:科学出版社,2014.

[238] 李胜,李军文,范超军,等.综放沿空留巷顶板下沉规律与控制[J].煤炭学报,2015,40(9):1989-1994.

[239] 李新元,马念杰,钟亚平,等.坚硬顶板断裂过程中弹性能量积聚与释放的分布规律[J].岩石力学与工程学报,2007,26(S1):2786-2793.

[240] 孙振武,代进,杨春苗,等.矿山井巷和采场冲击地压危险性的弹性能判据

[J].煤炭学报,2007,32(8):794-798.

[241] 赵阳升,冯增朝,万志军.岩体动力破坏的最小能量原理[J].岩石力学与工程学报,2003,22(11):1781-1783.

[242] 蔡成功,王佑安.突出危险和非危险煤冲击破碎时煤的破碎功试验研究[J].煤矿安全,1988(7):13-18,65.

[243] 佚名.2011年9月29日,韩城陕煤集团下峪口煤矿发生井下事故造成3名矿工死亡[EB/OL].(2011-09-29)[2024-04-28]http://www.mkaq.org/html/2011/10/14/103914.shtml.

[244] 刘新民,刘军.下峪口煤矿2#煤层煤与瓦斯动力灾害机理及防治[J].陕西煤炭,2016,35(2):47-51.

[245] 赵武强,魏夕合,唐兵,等.突出与冲击地压煤层工作面预测敏感指标研究[J].金属矿山,2013(7):62-66.

[246] 屈永安.煤层突出与冲击耦合致灾机理与事故分析[J].现代矿业,2013(5):76-79.

[247] 罗浩,潘一山,肖晓春,等.矿山动力灾害多参量危险性评价及分级预警[J].中国安全科学学报,2013,23(11):85-90.

[248] 吴凯.冲击地压诱发煤与瓦斯突出的灾害分析[J].中州煤炭,2013(6):104-106.

[249] 孙继平.煤矿事故分析与煤矿大数据和物联网[J].工矿自动化,2015,41(3):1-5.

[250] 王海军,武先利."互联网+"时代煤矿大数据应用分析[J].煤炭科学技术,2016,44(2):139-143.

[251] 耿友明.深部矿井复合动力灾害机理及一体化防治技术[J].煤矿安全,2016,47(11):73-76.

[252] 尹斌,高振勇.大埋深复合型动力灾害分析及防治技术[J].煤炭技术,2014,33(6):49-52.

[253] 张建国.平顶山矿区深井动力灾害灾变机理及防治关键技术研究[D].徐州:中国矿业大学,2012.

[254] 齐庆新,潘一山,舒龙勇,等.煤矿深部开采煤岩动力灾害多尺度分源防控理论与技术架构[J].煤炭学报,2018,43(7):1801-1810.

[255] 袁亮,姜耀东,何学秋,等.煤矿典型动力灾害风险精准判识及监控预警关键技术研究进展[J].煤炭学报,2018,43(2):306-318.

[256] 袁亮.我国深部煤与瓦斯共采战略思考[J].煤炭学报,2016,41(1):1-6.

[257] 戴广龙,汪有清,张纯如,等.保护层开采工作面瓦斯涌出量预测[J].煤炭

学报,2007,32(4):382-385.

[258] 石必明,俞启香,周世宁.保护层开采远距离煤岩破裂变形数值模拟[J].中国矿业大学学报,2004,33(3):259-263.

[259] 覃道雄.极复杂条件下煤与瓦斯突出规律及综合治理技术[D].北京:中国矿业大学(北京),2013.

[260] 肖知国,王兆丰.煤层注水防治煤与瓦斯突出机理的研究现状与进展[J].中国安全科学学报,2009,19(10):150-158.

[261] 章梦涛,宋维源,潘一山.煤层注水预防冲击地压的研究[J].中国安全科学学报,2003,13(10):69-72.

[262] 潘一山,王凯兴,肖永惠.基于摆型波理论的防冲支护设计[J].岩石力学与工程学报,2013,32(8):1537-1543.

[263] 李鹏波,王金安.华亭煤田冲击地压定向解危技术[J].哈尔滨工业大学学报,2016,48(4):161-165.

[264] 刘少虹.动载冲击地压机理分析与防治实践[D].北京:煤炭科学研究总院,2013.

[265] 潘俊锋,毛德兵,蓝航,等.我国煤矿冲击地压防治技术研究现状及展望[J].煤炭科学技术,2013,41(6):21-25.